現数Select No.14

# 線形代数の構図
## 空間と基底と次元

矢ヶ部 巌 著

現代数学社

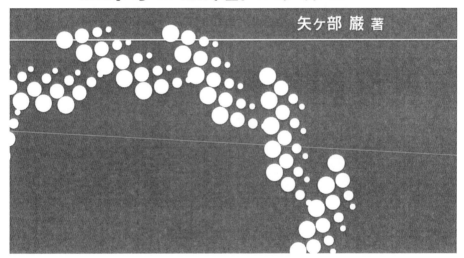

本書は 1980 年 5 月に小社から出版した
『線形代数の構図』
をタイトル変更・リメイクし、再出版するものです。

# まえがき

感動している．好田順治氏の訳で，1978 年に海鳴社から単行本として出版され，また現代数学社の雑誌『BASIC 数学』に 1978 年 8 月号から 1979 年 3 月号にわたって連載された，クヌースの『超現実数』に感動している．

「現代の私たちの教育制度の中で最も容易ならざる欠点の一つである，研究的な仕事に対する訓練の欠如（学生諸君にとって，どのようにして新しい数学が創られてきたのかを学ぶ好機は，ほとんど，大学院レベルに行くまでは与えられないということ）を克服する助けとなるような，若干の材料を提供」するという目的をもって，クヌースは「超現実数』を書いている．

「最初にそのような定理を証明しようとした人が，どのようにして，またなぜそうしたのかを考えることは，やってみるべきだわ．自分自身を発見者の位置において考えてみるべきよ．創造的な部分は，実際，演繹的な部分よりずっと面白いものですもの」，また，「従来の伝統的なやり方では，すべての創造的な見方は，大学院の終りまでほおっておかれているのよ」と，文中のアリスを通して，クヌースは主張する．

クヌースに大賛成である．この『線形代数の構図』もクヌースの思想の延長に立っている．

線形代数は，自然科学や数学のいくつかの分野に散在していた数学的現象の共通性を見抜き，その本質を抽き出して作られた数学である．いわゆる抽象数学の典型で，大学初年級の学生諸君にとって，どのようにして数学が創られるかを学ぶ格好な教材と思われる．

この観点から，高校課程の数学を終えた人達になじみやすい微分方程式論・2次曲線論・連立1次方程式論を根底に据え，この三つの分野に現れる共通な性質を考察し発見しながら線形代数を創る，という講義を試みてきた． 講義の一部は，さいわいにも，『BASIC 数学』の前身である『現代数学』に20回にわたって連載させていただいた．それに筆を加えて，まとめたのが，この「線形代数の構図』である．

第1章で上述の基本方針を解説し，この方針にもとずいて，第2章以降で，線形代数の基礎概念である線形空間・線形写像・基底と次元を導入している．すなわち，第2章から第7章で線形代数の対象である線形空間を，第8章から第15章で線形代数の方法である線形写像を，第16章から第20章で線形空間の基底と次元とを取り扱っている．

公理・定義・定理の羅列という伝統的形態の数学書を読む際にも，何故こういう公理を採用するのか，何故こう定義するのか，何故この命題を定理として重要視するのか——と自問する習慣がつけば，数学は一段と楽しくなるのではなかろうか．

《伝統的ではない》数学書の刊行に力を入れてくださる現代数学社の皆様に，心からお礼を申し述べたい．

1979年8月

矢ヶ部　巌

## このたびの刊行にあたって

本書初版は1980年5月でした．この面白く生き生きとした数学を少しでも多くの方に読んでいただきたいと復刻いたしました．このたびの刊行にあたり，ご快諾くださったご親族様に，心より厚く御礼を申し上げます．

現代数学社編集部

# 目　次

# 1 線形代数の古里に遊ぶ

「先生の講義は数学ではない」と，いわれたことがある.

そんなボクの話でよければ，よろこんで，しよう．ひと月に一回，ひまをみてはね.

——ここに来て，十年になる．解析の講義は毎年うけ持つが，代数は，どういうわけか，全然ない．そこで，線形代数の話をしよう.

今日は，その古里に遊ぼう.

## 微分方程式をめぐる問題

**香椎**　森羅万象を記述しよう，という微分方程式は，高校で，学習しているね.

**箱崎**　数Ⅲで，習いました.

**香椎**　それでは，微分方程式

$$\left|\frac{dy}{dx}\right|+|y|=0$$

を，解いてみよう.

**箱崎**　変数分離形みたいだから，変形すると

$$\frac{1}{|y|}|dy|=-|dx|$$

で……

**香椎**　$|dy|$ や $|dx|$ は，どういう意味？ $\left|\frac{dy}{dx}\right|$ は，$|dy|$ を $|dx|$ で割ったもの？

**箱崎**　ソウ開き直られると，困っちゃう．ナントナク書いたのですから……

こんな微分方程式は，高校では，習いませんでした.

**六本松**　出て来ないけど，すぐ分かる.

$y$ の値も $y$ の導関数の値も実数だから，それらの絶対値の和が 0 になるのは，それぞれの値が 0 の場合しか，ない．だから，問題の微分方程式の解は，$y=0$ だけ.

スナオに考えると，何でもない．

**香椎**　解としては，高校では，実数値関数を前提としている，からだね．さて，微分方程式

$$\frac{dy}{dx}=\frac{1}{1+x}$$

を，解くと？

**箱崎**　これはホントの変数分離形で……

**六本松**　微分方程式なんてもんじゃない．原始関数の問題だよ．

右辺の関数の原始関数の一つは，$\log|1+x|$ だから，問題の解は

$$y=\log|1+x|+c \qquad (c\text{ は任意定数}).$$

**香椎**　これでイイかね？　微分方程式を解くとは，すべての解を求めること，の筈だが．

**六本松**　$f'(x)=g'(x)$ なら $f(x)-g(x)$ は定数だから，これでゼンブ．

**香椎**　関数を考察するときは，その定義域を明確にしないと，いけない．

問題の解の定義域は？

**箱崎**

$$I=\{x\,|\,x<-1 \quad \text{または} \quad x>-1\}$$

です．問題の微分方程式の，右辺の関数の定義域が，こうですから．

**香椎**　とすると，$I$ で定義された関数

$$F(x)=\begin{cases}\log|1+x|+1 & (x<-1)\\ \log(1+x)+2 & (x>-1)\end{cases}$$

も，問題の微分方程式の解だね．

これは，六本松君の解には含まれていない．

**六本松**　僕の解のグラフは，$y=\log|1+x|$ のグラフ全体を $y$ 軸方向に $c$ だけ平行移動し

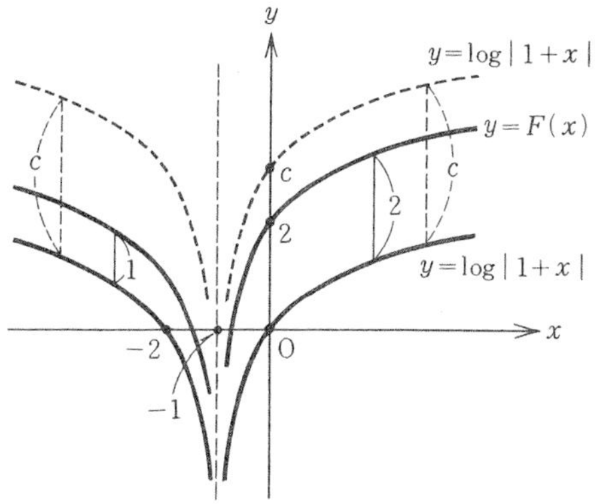

たものだけど，先生の解のグラフは，$x<-1$ の範囲では1だけ，$x>-1$ の範囲では2だけ平行移動したものだから，僕の解には含まれていない．——どうして，だろ？

**香椎**　「すべての解だ」という主張の根拠とした，六本松君の命題は，実は，区間でしか成立しない．

$I$ は区間ではないね．

**箱崎**　そうすると，解の定義域を，区間 $(-\infty, -1)$ か区間 $(-1, +\infty)$ のドッチかにすると，さっきの答で，いいわけですね．

**香椎**　こういう事情もあって，通常，解の定義域は区間と制限する．

**六本松**　ヤヤこしい！

**香椎**　微分方程式

$$\left(\frac{dy}{dx}\right)^2+y^2=-(x^2+1)$$

を，解くと？

**箱崎**　一番はじめのと，同じ傾向の問題ですね．

左辺の値は正か0なのに，右辺の値は負ですから，解はありません．

**香椎**　このように，微分方程式の解は存在するとは限らない．

そこで，〈解の存在の判定〉が先ず問題となる．

**六本松**　ナイのを計算しても，しようがナイ！

**香椎**　解が存在する際，第一の例のように，ただ一つの場合と，第二の例のように，そうでない場合とがある．

そこで，次には，〈解の一意性の判定〉が問題となる．

**箱崎**　一つ見つかっても，これで全部かどうか，心配なわけですね．

**六本松**　一つシカないことが分かってると，アンシン，あんしん，大安心．

**香椎**　微分方程式を解く最終の目的は，その解を求めることだから，〈解の具体的表示〉も問題だ．

このほかにも，無論，重要な問題はある．だが，この三つが，最も基本的な課題だ．

$$\frac{d^ny}{dx^n}+p_1(x)\frac{d^{n-1}y}{dx^{n-1}}+\cdots+p_{n-1}(x)\frac{dy}{dx}+p_n(x)y=q(x)$$

という型の微分方程式をめぐって，この三つの基本的課題を追究した数学——それが，線形代数の一つの背景となっている．

## 2次曲線をめぐる問題

**香椎**　地獄耳の空洞という現象があるね．

**六本松**　地獄耳の叔母さんなら，知ってる．

**香椎**　インドの王様ジェハンが，彼の妻のために建造した，廟がある．

**箱崎** タージ・マハールですね.

**香椎** 新婚旅行の二人が訪れると，別々の場所に立たされる．花婿は，愛の誓いを，小さな声でいわされる．すると，20メートル以上も離れた場所に居る花嫁に，はっきりと聞える.

**箱崎** 天井の断面が楕円で，二人の立たされる位置が，その焦点だから，ですね．一つの焦点から出た音は天井で反射して，もう一つの焦点に集りますから．立つ位置が焦点でないと，ダメですね.

**香椎** 焦点を持つ平面曲線は，楕円のほかにも，あるね.

**箱崎** 放物線や双曲線です．円錐を一つの平面で切ったときの切り口の曲線ですから，円錐曲線といいます.

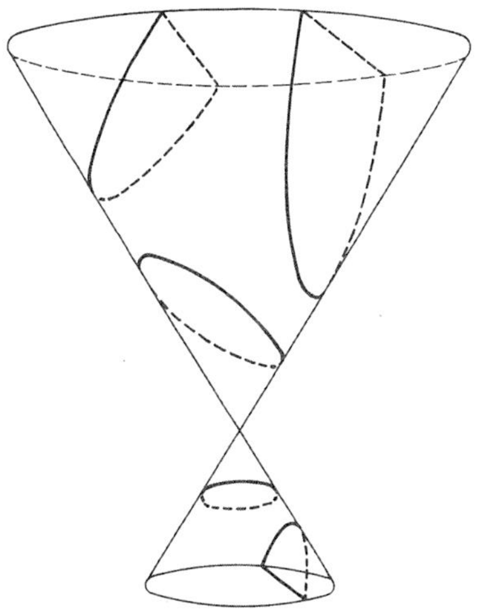

**香椎** 2次曲線ともいうね.

**箱崎** その方程式は $x, y$ についての2次方程式で表され，逆に，$x, y$ についての2次方程式

$$ax^2+hxy+by^2+gx+fy+c=0$$

は，左辺が1次式の積に分解されないときは，円·楕円·放物線·双曲線 のどれかを表しますから.

**六本松** 方程式

$$x^2+y^2+1=0$$

の左辺は1次式の積に分解されないけど，この方程式を満足する点 $(x, y)$ はないから，円·楕円·放物線や双曲線のドレも表さない．それから，方程式

$$x^2+2y^2=0$$

の左辺も1次式の積に分解されないけど，この方程式を満足する点は $(0,0)$ だけで，円·楕円·放物線·双曲線 のドレも表さないよ．

**香椎**　こんな問題は，解いたことが，あるね：座標軸を $\frac{\pi}{4}$ 回転して，方程式

$$x^2-xy+y^2=2$$

の表す曲線を求めよ．

**箱崎**　新課程ではしないようですが，僕は習いました．

原点のまわりの角 $\theta$ の，座標軸の回転を表す式は

$$\begin{cases} x=X\cos\theta-Y\sin\theta \\ y=X\sin\theta+Y\cos\theta \end{cases}$$

で，$\theta=\frac{\pi}{4}$ ですから

$$x=\frac{X-Y}{\sqrt{2}}, \qquad y=\frac{X+Y}{\sqrt{2}}$$

で，これを問題の方程式に代入すると，

$$X^2+3Y^2=4 \quad \text{つまり} \quad \frac{X^2}{2^2}+\frac{Y^2}{(2/\sqrt{3})^2}=1$$

ですから，問題の曲線は楕円です．

**香椎**　最後の方程式を，何という？

**箱崎**　この楕円の方程式の標準形といいます．

**香椎**　標準方程式ともいう．どうして，〈標準〉というのかね．

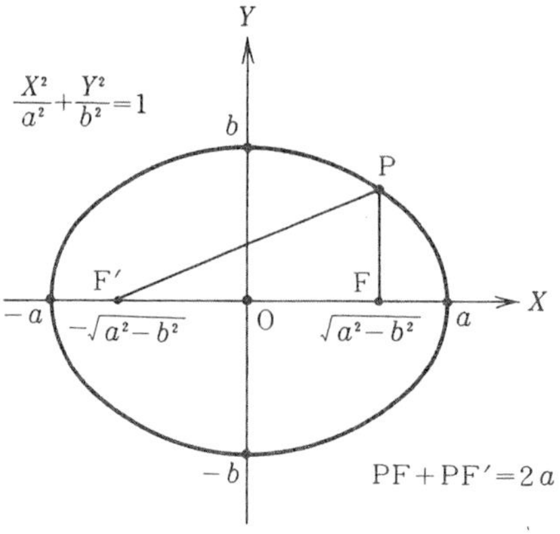

**箱崎** 楕円は，二つの定点からの距離の和が一定な点の軌跡ですから，二つの定点，つまり，焦点と距離の和とが与えられると，決まります．楕円の方程式が標準形

$$\frac{X^2}{a^2}+\frac{Y^2}{b^2}=1 \qquad (a>b>0)$$

で表されていると，焦点の座標は $(-\sqrt{a^2-b^2},\ 0)$ と $(\sqrt{a^2-b^2},\ 0)$ で，距離の和は $2a$，ということがスグ分かるから，だと思います．

**六本松** 長軸をヨコ軸，短軸をタテ軸にとった方程式が，標準形か．

**香椎** 円の標準方程式は？

**箱崎** 中心を原点にとった

$$X^2+Y^2=r^2 \qquad (r>0)$$

です．

**香椎** 放物線の標準方程式は？

**箱崎**

$$Y^2=4pX \qquad (p>0)$$

です．

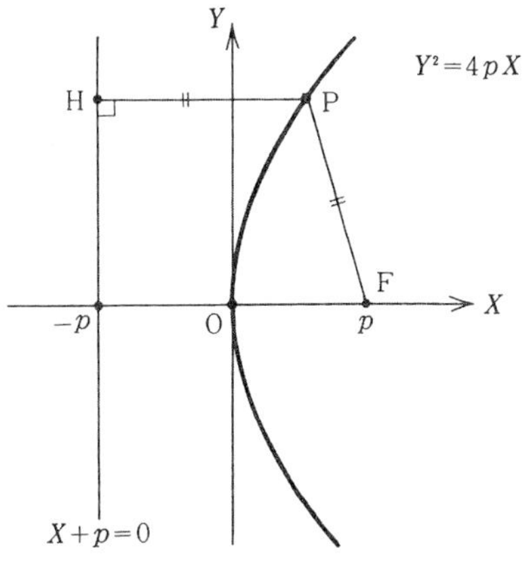


放物線は，一つの定点と，この点を通らない一つの定直線とからの距離が等しい点の軌跡ですが，その方程式が標準形で表されていると，定点つまり焦点の座標は $(p,\ 0)$，定直線つまり準線の方程式は $X+p=0$ と，分かります．

**六本松** 頂点を原点，軸をヨコ軸にとった方程式が，標準形か．

**箱崎** 軸と平行な光線は，放物線で反射すると，その焦点に集りますね．

**六本松** クルマのヘッド・ライト，衛星通信のパラボラ・アンテナ，プロ野球の集音マイクに利用されてる．

**香椎**　双曲線の標準方程式は？

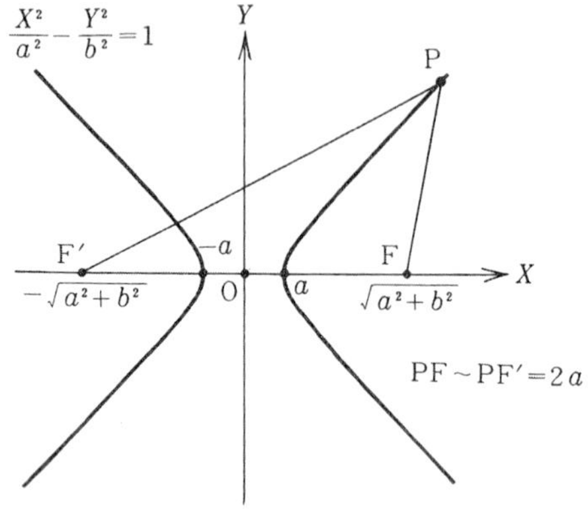


**箱崎**

$$\frac{X^2}{a^2}-\frac{Y^2}{b^2}=1 \qquad (a,\, b>0)$$

です．双曲線は，二つの定点からの距離の差が一定な点の軌跡ですが，その方程式が標準形で表されていると，定点つまり焦点の座標は $(\sqrt{a^2+b^2},\, 0)$ と $(-\sqrt{a^2+b^2},\, 0)$，距離の差は $2a$ と，分かります．

**六本松**　双曲線は，何に，利用されてる？

**箱崎**　ローランというのが，ありますね．船や飛行機が，レーダーを使って，現在位置を知る機械です．

**香椎**　さっき箱崎君がいったように，$x, y$ についての実係数の 2 次方程式

$$ax^2+hxy+by^2+gx+fy+c=0$$

を満足する $(x, y)$ を座標とする点の全体は，2 次曲線とよばれている．

座標系は，高校で前提しているように，直交座標で，〈2 次〉方程式というからには，2 次の項の係数 $a, h, b$ の少なくとも一つは 0 ではない，という制限はある．

**六本松**　左辺が 1 次式の積に分解されるときや，僕が見つけたような，一点や空集合になるときは，〈2 次〉曲線というのはオカシイ．

**香椎**　そんな例外的な場合を除くと，2 次曲線は 円・楕円・放物線・双曲線 に限るのか，という問題が生ずる．

**箱崎**　高校では，「知られている」という注意だけで，チャンとは証明してませんね．

**香椎**　この問題は，〈2 次曲線の分類〉とよばれている．

2 次曲線の分類は，座標軸の回転や平行移動によって，初めの方程式は標準方程式のど

れかに直されるか，という問題と同じだね．

**箱崎**　標準方程式は，さっき調べたように，ヨコ軸とタテ軸とを選んだものですし……

**六本松**　それには，初めの座標軸を平行移動して，初めの原点を新しい原点に移し，それから座標軸を回転したらいい．座標軸の回転や平行移動をしても，曲線の形は変わらない．

**香椎**　〈２次曲線の分類〉を考察した数学――それが，線形代数の，もう一つの背景となっている．

## 連立１次方程式をめぐる問題

**香椎**　近頃は，小学校で，文字を使った方程式を学習するようだね．

**箱崎**　僕達は，中学からです．

**香椎**　２元１次連立方程式

$$\begin{cases} x+y=1 \\ x-y=1 \end{cases}$$

を，解くと？

**六本松**　コドモだましだ．$x=1$，$y=0$．

**香椎**　それでは，

$$\begin{cases} x+y=1 \\ 2x+2y=2 \end{cases}$$

を，解くと？

**箱崎**　不定です．

**香椎**　〈不定〉とは，どういう意味？

**箱崎**　沢山あって，定まらない，ということです．

**香椎**　無数にはあるが，デタラメにあるわけでは，ないね．

**六本松**　この解は，幾何学的に表すと，直線 $x+y=1$ の上に並んでる．

**香椎**　曲線の助変数表示は，高校で，学習しているね．

**箱崎**　新課程では，どうか知りませんが，僕は習いました．

**香椎**　この直線の助変数表示は？

**箱崎**

$$\begin{cases} x=t \\ y=1-t \end{cases} \qquad (-\infty<t<\infty)$$

です．

**六本松**　それなら，出て来た．

**香椎**　不定な場合には，この方式で解を表す．

**箱崎**　高校までのように，不定というだけでは，すまされないんですね．

**香椎**　さて，連立１次方程式

$$\begin{cases} x+y=1 \\ x+y=2 \end{cases}$$

を，解くと？

**六本松**　これは，不能．こんな問題を入学試験に出すと，タイヘン．

**香椎**　〈不能〉とは，解は存在しない，ことだね．このように……

**六本松**　連立1次方程式の解は存在するとは限らない．だから，〈解の存在の判定〉が問題になる．

それから，〈解の一意性の判定〉や，〈解の具体的表示〉が問題になる．

**箱崎**　微分方程式の場合と同じ，ですね．

**香椎**　高校までとは違って，未知数の個数と方程式の個数とは必ずしも同一ではない，一般な連立1次方程式に対して，この三つの課題を究明した数学——これも，線形代数の背景となっている．

## 線形代数の構図

**香椎**　線形代数の背景となったものは，このほかにもある．

**箱崎**　どんなのですか？

**香椎**　力学がある．だが，物理は，ボクには重荷だ．

それから，高校までには顔を出さない，数学もある．だが，……

**六本松**　それは，僕達には，重荷である．

**香椎**　それぞれ，解析・幾何・代数の三つの分野を代表しているから，この三つで十分だろう．

問題の三つの数学では，それぞれ，固有の立場で議論が展開された．ところが，そこでで議論が展開された．ところが，そこで使われた概念・論法の底流には共通なものがあることが見い出される．この共通な本質を抽き出して体系化したものが，線形代数なのだ．

**六本松**　線形代数とは，頭はカイセキ，胴はキカ，尾はダイスウというヌエ的存在だ！

**香椎**　マトモな数学では，一般論を先ず展開して，その後で，問題の三つの数学への応用を図る．

だが，僕は，この三つの背景から共通なものを抽き出しながら，線形代数を構成してみよう．

**箱崎**　ふつうのとは，サカサマですね．

**六本松**　逆転の構図！

# 2 線形代数の対象を探る

今日は，線形代数の対象を探ろう．

三つの背景での，それぞれの対象を考察し，それらに共通な性質を抽き出そう．

### 微分方程式の場合

**箱崎**　〈対象〉て，どういう意味ですか？

**香椎**　微積分では関数の性質を調べる．だから，微積分の対象は関数，といえるね．

幾何学では……

**六本松**　図形の性質を調べる．幾何学の対象は図形．

**香椎**　とすると，三つの背景の一つ，微分方程式

$$\frac{d^n y}{dx^n}+p_1(x)\frac{d^{n-1}y}{dx^{n-1}}+\cdots+p_{n-1}(x)\frac{dy}{dx}+p_n(x)y=q(x)$$

をめぐる問題での，対象は？

**箱崎**　この微分方程式の解ですね．

解の存在·解の一意性の判定·解の具体的表示が，基本的な課題ですから．

**香椎**　歴史的には，第三の課題が，最初に問題となる．

**六本松**　山は登るためにあり，方程式は解くためにアル！

**箱崎**　どう解くか，が問題なわけですね．——公式でも，あるんですか．

**香椎**　その公式とやらを見つけるには，どうするか，を考えよう．

**箱崎**　でも，バクゼンとしてて，手のつけようがありません．

**香椎**　一般形ではソウだね．そこで……

**六本松**　簡単な場合を考える．

**香椎**　微分方程式

$$\frac{dy}{dx}=q(x)$$

の解は？　$q$ は，区間 $I$ で連続とする．

**箱崎**　$n$ が1で，いちばん簡単なのですね．$q$ は $I$ で連続だから，$q$ の原始関数があって，

$$y=\int q(x)dx+c \qquad (c\text{ は任意定数})$$

です．解の定義域は $I$ で，$I$ は区間ですから，これでゼンブです．

**香椎**　この解を分析しよう．

第一項の関数を $f$ と書くと，この解は，$I$ で定義された，$f$ と定数値関数 $c$ との和だね．この和の各項と微分方程式との関係は？

**箱崎**　$f$ は，問題の微分方程式の一つの解です．

**六本松**　$c$ は，問題の微分方程式の勝手な解と $f$ の差で，それは「区間 $I$ で，勝手な解と $f$ との差の導関数は零」ということから出て来て……わかった．$c$ は，微分方程式

$$\frac{dy}{dx}=0$$

の解だ．これは，問題の微分方程式の右辺が，恒等的に零な関数の場合の解だ．

**香椎**　問題の微分方程式の解は——その一つの解と，右辺の $q$ を恒等的に零な関数で置き換えた型の微分方程式の，任意の解との和——として，すべて求まるね．

一般形では，どうだろう？　$p_1, \cdots, p_{n-1}, p_n$ と $q$ とは，区間 $I$ で連続とする．

**箱崎**　そうすると，解の定義域も $I$ ですね．えーと……ヤッパリ求まります．

勝手な二つの解を $f, g$ とすると

$$\frac{d^n}{dx^n}(g(x)-f(x))+p_1(x)\frac{d^{n-1}}{dx^{n-1}}(g(x)-f(x))+\cdots+p_{n-1}(x)\frac{d}{dy}(g(x)-f(x))$$
$$+p_n(x)(g(x)-f(x))=\left[\frac{d^n}{dx^n}g(x)+p_1(x)\frac{d^{n-1}}{dx^{n-1}}g(x)+\cdots+p_n(x)g(x)\right]$$
$$-\left[\frac{d^n}{dx^n}f(x)+p_1(x)\frac{d^{n-1}}{dx^{n-1}}f(x)+\cdots+p_n(x)f(x)\right]=q(x)-q(x)=0$$

が，$I$ で恒等的に成り立ち，$g-f$ は，右辺の $q$ を0で置き換えた型の方程式の解ですから，一般形の勝手な解は，$f$ と，$q$ を0で置き換えた型の方程式の解との和で表されます．

**六本松**　$f$ を決めると，勝手な解は必ずソウ表されるけど，ソウ表される関数は何時でも解なのか，だけど——逆に，$q$ を零で置き換えた型の方程式の勝手な解を $h$ とすると，

$$\frac{d^n}{dx^n}(f(x)+h(x))+p_1(x)\frac{d^{n-1}}{dx^{n-1}}(f(x)+h(x))+\cdots+p_{n-1}(x)\frac{d}{dx}(f(x)+h(x))$$
$$+p_n(x)(f(x)+h(x))=\left[\frac{d^n}{dx^n}f(x)+p_1(x)\frac{d^{n-1}}{dx^{n-1}}f(x)+\cdots+p_n(x)f(x)\right]$$
$$+\left[\frac{d^n}{dx^n}h(x)+p_1(x)\frac{d^{n-1}}{dx^{n-1}}h(x)+\cdots+p_n(x)h(x)\right]=q(x)+0=q(x)$$

が，$I$ で恒等的に成り立つから，$f+h$ は何時でも解.

だから，一般形の場合も，その解は——その一つの解に，右辺の $q$ を恒等的に零な関数で置き換えた型の微分方程式の，勝手な解を加える——と，ゼンブ求まる.

**香椎**　とすると，問題の微分方程式の解法は，

(1)　その一つの解を求めること，

(2)　右辺の $q$ を，$I$ で恒等的に零な関数で置き換えた型の微分方程式の，すべての解を求めること，の二つに帰着されるね.

第二の場合での微分方程式は，問題の微分方程式の特別なものだから……

**箱崎**　その勝手な二つの解を，$f, g$ とすると，$f-g$ も解ですね．さっき計算したように.

**六本松**　僕が計算したことから，勝手な二つの解を $f, h$ とすると，$f+h$ も解.

**香椎**　$f-g$ は，$f+(-1)g$ と同じだね．$(-1)g$ は解かな？

**箱崎**　解ですね．定数と関数との積の導関数は，定数と導関数との積ですから.

**六本松**　だから，もっと一般的に，勝手な実数 $c$ と解 $g$ との積 $cg$ も解.

**香椎**　このことから，箱崎君の性質は，六本松君のに含まれるね．そこで，微分方程式

$$\frac{d^n y}{dx^n}+p_1(x)\frac{d^{n-1}y}{dx^{n-1}}+\cdots+p_{n-1}(x)\frac{dy}{dx}+p_n(x)y=0$$

では，二つの性質

（イ）　任意の二つの解 $f, g$ の和 $f+g$ は解である，

（ロ）　任意の実数 $c$ と，任意の解 $f$ との積 $cf$ は解である，

が成り立つ.

$$\frac{d^n y}{dx^n}+p_1(x)\frac{d^{n-1}y}{dx^{n-1}}+\cdots+p_{n-1}(x)\frac{dy}{dx}+p_n(x)y=q(x)$$

で，$q$ が恒等的には零でないときは，この二つの性質は成り立たないね.

**箱崎**　はい．さっきの計算から分かります.

**香椎**　この違いに，注目しよう．二つの型の微分方程式を分ける，重要な性質だ.

## 2次曲線の場合

**箱崎**　2次曲線をめぐる問題での対象は，もちろん，2次曲線ですね.

**香椎**　2次曲線とは，平面上に一つの直交座標系をとるとき，$x, y$ についての実係数の2次方程式

$$ax^2+hxy+by^2+gx+fy+c=0$$

を満足する $(x, y)$ を座標とする点の全体だね.

とすると，対象は……

**六本松**　平面上の点.

**香椎**　平面上の点は，ベクトルで表されるね.

**箱崎**　平面上の点Aには，原点Oを始点，点Aを終点とする，位置ベクトル $\overrightarrow{\mathrm{OA}}$ が対応させられます．

**六本松**　点Aが原点のときは，零ベクトル．

**箱崎**　この方法で，平面上の点と，原点を始点とする位置ベクトルとの間には一対一の対応がつきます．

数Iで，習いました．

**香椎**　復習しよう．ベクトルについて，何を学習した？

**箱崎**　平行四辺形の法則で，和がつくれます．

**六本松**　実数との積も．

**箱崎**　ベクトルの成分表示も習いました．

**香椎**　くわしく説明すると？

**六本松**　二つの点 E(1, 0)，F(0, 1) をとると，勝手な位置ベクトル $\overrightarrow{\mathrm{OA}}$ は

$$\overrightarrow{\mathrm{OA}}=a_1\overrightarrow{\mathrm{OE}}+a_2\overrightarrow{\mathrm{OF}}$$

と書ける．

だから，$\overrightarrow{\mathrm{OA}}$ に対して，実数の組 $(a_1, a_2)$ がきまる．

この $a_1$ を $\overrightarrow{\mathrm{OA}}$ の $x$ 成分，$a_2$ を $\overrightarrow{\mathrm{OA}}$ の $y$ 成分という．

**箱崎**　逆に，実数の組 $(a_1, a_2)$ を与えると，

$$a_1\overrightarrow{\mathrm{OE}}+a_2\overrightarrow{\mathrm{OF}}$$

という，$a_1$ を $x$ 成分，$a_2$ を $y$ 成分とする位置ベクトル $\overrightarrow{\mathrm{OA}}$ がきまります．

この方法で，$x$ 成分と $y$ 成分との組と位置ベクトルとの間には一対一の対応がつきますから，

$$\overrightarrow{\mathrm{OA}}=(a_1,\ a_2)$$

と書きます．

これが成分表示です．

**六本松**　原点を始点とする位置ベクトルを，その終点の座標で表すのと，同じ．

**香椎**　位置ベクトルの和や，実数と位置ベクトルとの積を，成分表示すると？

**箱崎**　えーと，

$$(a_1,\ a_2)+(b_1,\ b_2)=(a_1+b_1,\ a_2+b_2),$$
$$m(a_1,\ a_2)=(ma_1,\ ma_2),$$

です．

**六本松**　数IIでは，内積も出て来た．

**香椎**　それも成分表示すると？

**六本松**

$$(a_1,\ a_2)\cdot(b_1,\ b_2)=a_1b_1+a_2b_2.$$

**香椎**　内積は，何に利用した？

**箱崎**　二つのベクトルが垂直かどうかの判定に，使いました．

**六本松**　零ベクトルではない，二つのベクトルが垂直であるための必要十分条件は，その内積が零となること，である．

**香椎**　えらい，偉い．よく理解しているね．

## 連立１次方程式の場合

**香椎**　$n$ 個の未知数 $x_1, x_2, \cdots, x_n$ についての，$m$個の連立１次方程式

$$\begin{cases} a_{11}x_1+a_{12}x_2+\cdots+a_{1n}x_n=b_1 \\ a_{21}x_1+a_{22}x_2+\cdots+a_{2n}x_n=b_2 \\ \quad\cdots \quad\quad \cdots \quad\quad \cdots \\ a_{m1}x_1+a_{m2}x_2+\cdots+a_{mn}x_n=b_m \end{cases}$$

を考察しよう．$a_{ij}$ や $b_i$ は実数とする．

いきなり一般形を書いたが，分かるね．

**箱崎**　$a_{ij}$ は，$i$ 番目の方程式での未知数 $x_j$ の係数，という意味ですね．

**六本松**　これをめぐる問題でも，三つの課題があったけど，具体的な解き方が，最初の問題．

**箱崎**　それも，簡単な場合から，考えるんですね．

**香椎**　対象は，この方程式の解だが，$m$が１，$n$が２の

$$ax+by=c$$

の解を分析しよう．

**六本松**　一つでも連立方程式とは，これ如何に？

**香椎**　一人でも〈六〉本松と，いうが如し！

この解を幾何学的に表すと，直線 $ax+by=c$ 上に並んでいるね．——直線は，何できまる？

**六本松**　その上の，違う二点．

**箱崎**　その上の一つの点と傾き，でもきまります．

**香椎**　問題の直線は，その上の一点 $(x_0, y_0)$ と，その傾き，すなわち，原点を通る直線 $ax+by=0$ とできまるね．

直線 $ax+by=0$ 上の点と，問題の直線上の点との関係は？

**箱崎**　問題の直線上の点は，直線 $ax+by=0$ の上の勝手な点 $(\xi, \eta)$ を，原点と点 $(x_0, y_0)$ とを結んだ線分と同じ距離だけ，平行移動したものです．

**六本松**　つまり，点 $(x_0+\xi, y_0+\eta)$．

**香椎**　これを，方程式の解の立場で眺めると？

**箱崎**　点 $(x_0, y_0)$ は方程式 $ax+by=c$ の一つの解 $x=x_0$, $y=y_0$ を表し，点 $(\xi, \eta)$ は方程式 $ax+by=0$ の勝手な解 $x=\xi$, $y=\eta$ を表して，点 $(x_0+\xi, y_0+\eta)$ は問題の方程式 $ax+by=c$ の勝手な解 $x=x_0+\xi$, $y=y_0+\eta$ を表してますから……

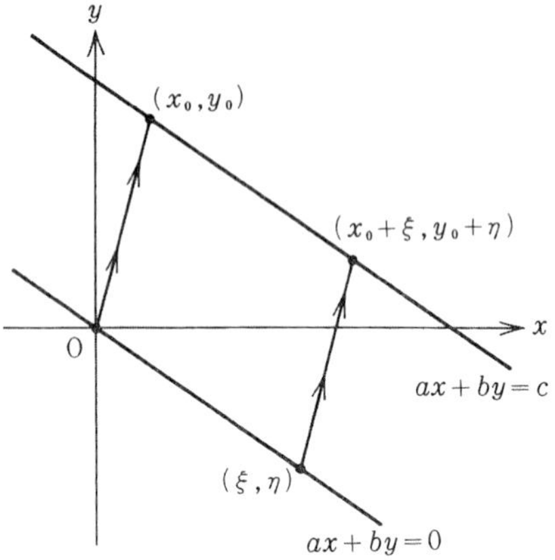


**六本松**　問題の方程式の解は——その一つの解に，右辺を零で置き換えた方程式の，勝手な解を加える——と，ゼンブ求まる．

**箱崎**　これは，一般形でも，成り立ちますね．

$$x_1=x_{10},\ x_2=x_{20},\ \cdots,\ x_n=x_{n0} \quad と \quad x_1=x_1',\ x_2=x_2',\ \cdots,\ x_n=x_n'$$

を勝手な二つの解とすると，どの $k(1\leqq k\leqq m)$ に対しても，

$$\begin{aligned}&a_{k1}(x_1'-x_{10})+a_{k2}(x_2'-x_{20})+\cdots+a_{kn}(x_n'-x_{n0})\\&=[a_{k1}x_1'+a_{k2}x_2'+\cdots+a_{kn}x_n']-[a_{k1}x_{10}+a_{k2}x_{20}+\cdots+a_{kn}x_{n0}]\\&=b_k-b_k=0\end{aligned}$$

で，二つの解の差は，$b_j$ を0で置き換えた方程式の解ですから，一般形の勝手な解は，一つの解

$$x_1=x_{10},\ x_2=x_{20},\ \cdots,\ x_n=x_{n0}$$

と，$b_j$ を0で置き換えた型の方程式の解との和で表されます．

**六本松**　逆に，$b_j$ を零で置き換えた型の方程式の，勝手な解を

$$x_1=\xi_1,\ x_2=\xi_2,\ \cdots,\ x_n=\xi_n$$

とすると，どの $k(1\leqq k\leqq m)$ に対しても，

$$\begin{aligned}&a_{k1}(x_{10}+\xi_1)+a_{k2}(x_{20}+\xi_2)+\cdots+a_{kn}(x_{n0}+\xi_n)\\&=[a_{k1}x_{10}+a_{k2}x_{20}+\cdots+a_{kn}x_{n0}]+[a_{k1}\xi_1+a_{k2}\xi_2+\cdots+a_{kn}\xi_n]\\&=b_k-0=b_k\end{aligned}$$

で，

$$x_1=x_{10}+\xi_1,\ x_2=x_{20}+\xi_2,\ \cdots,\ x_n=x_{n0}+\xi_n$$

は解.

だから，一般形の場合も，その解は――その一つの解に，右辺を0で置き換えた型の方程式の，勝手な解を加える――と，ゼンブ求まる.

**香椎**　とすると，問題の連立1次方程式の解法は，

(1)　その一つの解を求めること，

(2)　右辺の $b_j$ を零で置き換えた型の連立1次方程式の，すべての解を求めること，

の二つに帰着されるね.

**箱崎**　微分方程式の場合と似てますね.

**六本松**　それで，連立1次方程式

$$a_{k1}x_1+a_{k2}x_2+\cdots+a_{kn}x_n=0\quad(k=1,\ 2,\ \cdots,\ m)$$

の解を調べる番になって……，二つの性質

（イ）　勝手な二つの解

$$x_1=\xi_1,\ x_2=\xi_2,\ \cdots,\ x_n=\xi_n\quad と\quad x_1=\xi_1',\ x_2=\xi_2',\ \cdots,\ x_n=\xi_n'$$

とを加えた

$$x_1=\xi_1+\xi_1',\ x_2=\xi_2+\xi_2',\ \cdots,\ x_n=\xi_n+\xi_n'$$

は解である，

（ロ）　勝手な解

$$x_1=\xi_1,\ x_2=\xi_2,\ \cdots,\ x_n=\xi_n$$

を，勝手な実数 $c$ 倍した

$$x_1=c\xi_1,\ x_2=c\xi_2,\ \cdots,\ x_n=c\xi_n$$

は解である――が，さっきの計算から，分かる.

**箱崎**　そして，この二つの性質は，連立1次方程式

$$a_{k1}x_1+a_{k2}x_2+\cdots+a_{kn}x_n=b_k\quad(k=1,2,\cdots,m)$$

で，$b_1, b_2, \cdots, b_m$ の中に0でないのがあるときは，成り立ちません.

二つの型の連立1次方程式の違いを示す，性質ですね.

**香椎**　$n$ が2の場合でみると，原点を通る直線で表される関係，すなわち，〈比例〉関係の

特徴だね．

## 三つの対象の共通点

**六本松** 微分方程式の場合と連立1次方程式の場合とは，よく似てる．

二つの解法に帰着できることや，その帰着のさせ方も．

**箱崎** でも，2次曲線の場合は，それに似ているのは，ありませんね．

対象の範囲を，平面上の点，つまり，原点を始点とする位置ベクトルにまで拡げてますけど．

**香椎** 位置ベクトルでは，どんな性質を，復習した？

**箱崎** 和とか，実数との積とか，成分表示とか，内積とか……，あっ，和とか，実数との積とかは，三つのドノ場合にも出て来ました．――これが，共通点です．

**六本松** しかし，和の作り方も，実数との積の作り方も，それぞれの場合で，違ってる．

**香椎** 位置ベクトルの和とは？

**箱崎** 二つの位置ベクトルから，平行四辺形の法則で，新しい一つの位置ベクトルを作る，ことです．

**香椎** 2次曲線の場合の対象全体，すなわち，原点を始点とする位置ベクトル全体の集合を $M_2$ と書くとき，このことを，$M_2$ を通して眺めると？

**六本松** $M_2$ に含まれる二つの位置ベクトルから，$M_2$ に含まれる一つの位置ベクトルを作る，こと．

**香椎** 微分方程式

$$\frac{d^ny}{dx^n}+p_1(x)\frac{d^{n-1}y}{dx^{n-1}}+\cdots+p_{n-1}(x)\frac{dy}{dx}+p_n(x)y=q(x)$$

の場合での，和とは？

**箱崎** 二つの解 $f, g$ から

$$f+g:\ x\longmapsto f(x)+g(x)\quad (x\in I)$$

という関数を作る，ことです．

**香椎** $q$ が恒等的に零なときは，$f+g$ も解だったね．

そこで，微分方程式

$$\frac{d^ny}{dx^n}+p_1(x)\frac{d^{n-1}y}{dx^{n-1}}+\cdots+p_{n-1}(x)\frac{dy}{dx}+p_n(x)y=0$$

の解全体の集合を $M_1$ とすると……

**六本松** この場合の和は，$M_1$ に含まれる二つの解から，$M_1$ に含まれる一つの解を作る，こと．

**箱崎** わかりました．連立1次方程式の場合の和は，

$$a_{k1}x_1+a_{k2}x_2+\cdots+a_{kn}x_n=0\quad (k=1,\ 2,\ \cdots,\ m)$$

の解全体の集合を $M_3$ とすると，$M_3$ に含まれる二つの解から，$M_3$ に含まれる一つの解を作る，ことです．

そして，作り方は違いますけれど，和は $M_1$, $M_2$, $M_3$ のそれぞれの集合で，それに含まれる二つの元から，それに含まれる一つの元を作り出すもの——という点で共通ですね．

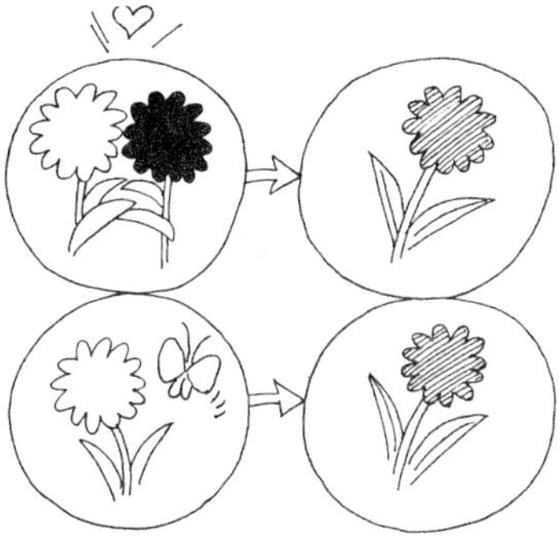
三つの対象の共通点は……

**香椎**　$M_1$, $M_2$, $M_3$ を代表して $M$ で表すと，$M$ には，$M$ に属する二元から，$M$ に属する一つの元を作り出す仕方が与えられている，という共通な性質があること，が分かるね．

これは，和からだが，実数との積からは……

**箱崎**　実数全体の集合 $\boldsymbol{R}$ に含まれる元と，$M$ に含まれる元とから，$M$ に含まれる一つの元を作り出す仕方が与えられている，という共通点があること，が分かります．

対象全体の集合を考えるのが，大切なんですね．

**六本松**　そうすると，この共通な二つの性質を持つ集合が，線形代数の対象．

**香椎**　早のみこみ，はイケナイ．

もっと，くわしく調べないと，いけないコトがある．それは，次の機会にしよう．

# 3 対象の共通点を抽出する

線形代数の対象への，第二歩を踏み出そう．
三つの背景の対象に共通な性質は，何だったかね．

## 二つの算法

**箱崎**　微分方程式をめぐる問題では，微分方程式

$$\frac{d^n y}{dx^n}+p_1(x)\frac{d^{n-1}y}{dx^{n-1}}+\cdots+p_{n-1}(x)\frac{dy}{dx}+p_n(x)y=0$$

の解全体の集合に注目して，それを $M_1$ と書きました．

**六本松**　$p_1, \cdots, p_n$ は区間 $I$ で連続という場合を考えると，$I$ を定義域とする，解全体の集合が $M_1$.

**箱崎**　それから，2次曲線をめぐる問題では，原点を始点とする位置ベクトルの全体が対象で，その集合を $M_2$ と書きました．

そして，連立1次方程式をめぐる問題では，連立1次方程式

$$a_{k1}x_1+a_{k2}x_2+\cdots+a_{kn}x_n=0 \qquad (k=1, 2, \cdots, m)$$

の解全体の集合に注目して，それを $M_3$ と書きました．

**六本松**　$M_1, M_2, M_3$ を代表して $M$ で表すと，$M$ には，

(イ)　$M$ に含まれる二つの元から，$M$ に含まれる一つの元を作り出す仕方，

(ロ)　実数全体の集合 $\boldsymbol{R}$ に含まれる元と，$M$ に含まれる元とから，$M$ に含まれる一つ

の元を作り出す仕方,$\boldsymbol{R}$ に含まれる元と，$M$ に含まれる元とから，$M$ に含まれる一つ

が与えられていた．これが，三つの背景の対象に共通な性質．）対象に共通な性質．

**香椎**　〈作り出す〉という動的操作を離れて，〈作り出されたもの〉との静的関係から眺めると？

**箱崎**　〈作り出されたもの〉は $M$ に含まれる元ですから，(イ)の場合は，$M$ に含まれる二

つの元に，$M$ に含まれる一つの元が対応してる，ことになり……

**六本松**　(イ)での〈作り出し方〉は，$M\times M$ から $M$ への写像と捉えられる．

**香椎**　具体的には？

**箱崎**　$M_1$ では，

$$(f,g)\longmapsto f+g \qquad ((f,g)\in M_1\times M_1)$$

という写像です．

**六本松**　$M_2$ では，

$$(\overrightarrow{\mathrm{OP}},\overrightarrow{\mathrm{OQ}})\longmapsto \overrightarrow{\mathrm{OP}}+\overrightarrow{\mathrm{OQ}} \qquad ((\overrightarrow{\mathrm{OP}},\overrightarrow{\mathrm{OQ}})\in M_2\times M_2).$$

**箱崎**　$M_3$ では，チョット書きにくいんですが，$M_3$ に含まれる二つの解

$$x_1=\xi_1,\ x_2=\xi_2,\ \cdots,\ x_n=\xi_n \quad と \quad x_1=\xi_1',\ x_2=\xi_2',\ \cdots,\ x_n=\xi_n'$$

との組に，$M_3$ に含まれる解

$$x_1=\xi_1+\xi_1',\ x_2=\xi_2+\xi_2',\ \cdots,\ x_n=\xi_n+\xi_n'$$

を対応させる写像です．

**六本松**　だから，一般的に，$(\alpha,\beta)\in M\times M$ に対応する $M$ の元を $\alpha+\beta$ で表すと，べんり．

**箱崎**　同じように考えると，(ロ)の場合の〈作り出し方〉は，$\boldsymbol{R}\times M$ から $M$ への写像で，$M_1$ では，

$$(c,f)\longmapsto cf \qquad ((c,f)\in \boldsymbol{R}\times M_1).$$

**六本松**　$M_2$ では，

$$(c,\overrightarrow{\mathrm{OP}})\longmapsto c\,\overrightarrow{\mathrm{OP}} \qquad ((c,\overrightarrow{\mathrm{OP}})\in \boldsymbol{R}\times M_2).$$

**箱崎**　$M_3$ では，実数 $c$ と，$M_3$ に含まれる解

$$x_1=\xi_1,\ x_2=\xi_2,\ \cdots,\ x_n=\xi_n$$

との組に，$M_3$ に含まれる解

$$x_1=c\xi_1,\ x_2=c\xi_2,\ \cdots,\ x_n=c\xi_n$$

を対応させる写像です．

**六本松**　だから，一般的に，$(c,\alpha)\in \boldsymbol{R}\times M$ に対応する $M$ の元を $c\alpha$ で表すと，べんり．

**香椎**　さっきも，$(\alpha,\beta)\in M\times M$ に対応する $M$ の元を $\alpha+\beta$ で表すと便利，と六本松君はいったが，この「$\alpha+\beta$」は，数 $\alpha$ と数 $\beta$ との和，という意味ではないね．

**箱崎**　もちろん，です．$M$ の元は数ではありませんから．

**六本松**　だから，ヤカマシクいうと，「＋」とは別の記号を使わないと，いけない．

**香椎**　それを承知で「＋」を援用するからには，「$\alpha+\beta$」という計算と数の加法とは，本質的に同じか確かめておかないと，いけない．

**箱崎**　$(c,\alpha)\in \boldsymbol{R}\times M$ に対応する元を $c\alpha$ で表すのにも，同じ問題が起こりますね．

**香椎**　それを調べよう．

**六本松**　数に仁義をきる——わけか．

## 和の性質

**香椎**　実数の加法の計算での，基本性質は？

**箱崎**　結合法則が成り立ちます：$(a+b)+c=a+(b+c)\qquad(a, b, c\in \boldsymbol{R})$．

**香椎**　この結合法則の意義は？

**六本松**　有限個の実数の和は，括弧のつけ方，つまり，その加え方には関係しないこと，を保証してる．

**香椎**　たとえば，四つの実数 $a, b, c, d$ の場合では？

**箱崎**　この順番を変えないで足す，足し方は

$$((a+b)+c)+d,\qquad (a+b)+(c+d),\qquad (a+(b+c))+d,$$

$$a+((b+c)+d),\qquad a+(b+(c+d)),$$

の五通りありますが，これはゼンブ同じ実数です．結合法則から導かれます．高校で習いました．

**香椎**　どこの高校か知らないが，なかなか立派だね．実数の加法は

$$(a, b)\longmapsto a+b\qquad ((a, b)\in \boldsymbol{R}\times \boldsymbol{R})$$

という，$\boldsymbol{R}\times\boldsymbol{R}$ から $\boldsymbol{R}$ への写像だね．

だから，四つの実数 $a, b, c, d$ をこの順を変えないで加えるのは，

$$(((a, b), c), d),\qquad ((a, b), (c, d)),\qquad ((a, (b, c)), d),$$

$$(a, ((b, c), d)),\qquad (a, (b, (c, d))),$$

と，隣り合っているものを括弧でくくって，次々に実数の組を作ることだね．

この五つの組に対応する実数は，それぞれ，箱崎君が説明したもので，すべて同じになる．

一般に，$n$ 個の実数の場合には，括弧のつけ方，すなわち，和の作り方は $\dfrac{(2n-2)!}{n!(n-1)!}$ 通りあるが，すべて同じ実数となることを結合法則は保証している．

**六本松** だから，有限個の実数の和では，いちいち括弧をつけない．

**香椎** 減法では，そうは，いかないね．たとえば？

**箱崎**

$$(3-2)-1 \neq 3-(2-1)$$

です．ふつう，「3−2−1」と括弧をつけないのは，引き算は左から順番にする，と約束してるからです．

つまり，左辺の意味と決めていますから．

**香椎** さて，$M\times M$ から $M$ への問題の写像で，結合法則は成り立つかな？

**六本松** $M_1$ では，$f, g, h\in M_1$ とすると，

$$f+g: x \longmapsto f(x)+g(x) \quad (x\in I) \quad \text{から}$$

$$(f+g)+h: x \longmapsto (f(x)+g(x))+h(x) \quad (x\in I),$$

$$g+h: x \longmapsto g(x)+h(x) \quad (x\in I) \quad \text{から}$$

$$f+(g+h): x \longmapsto f(x)+(g(x)+h(x)) \quad (x\in I),$$

で，$f(x), g(x), h(x)$ は実数で，

$$(f(x)+g(x))+h(x)=f(x)+(g(x)+h(x))$$

だから，$(f+g)+h$ と $f+(g+h)$ とでは，定義域も同じ $I$，同じ $x\in I$ に対応する値も同じになって，

$$(f+g)+h=f+(g+h).$$

**箱崎** 二つの関数は，定義域と対応する値が同じなとき，同じ関数ですからね．

それから，$M_2$ の場合は，高校で習いました．

**六本松** $M_3$ では，$M_3$ に含まれる三つの解を

$$x_k=\xi_k \quad (k=1, 2, \cdots, n), \qquad x_k=\xi_k' \quad (k=1, 2, \cdots, n), \qquad x_k=\xi_k'' \quad (k=1, 2, \cdots, n)$$

とすると，初めの二つの解の組に対応するのは $x_k=\xi_k+\xi_k'$ $(k=1, 2, \cdots, n)$ で，これと第三の解との組に対応するのは $x_k=(\xi_k+\xi_k')+\xi_k''$ $(k=1, 2, \cdots, n)$．

あとの二つの解の組に対応するのは $x_k=\xi_k'+\xi_k''$ $(k=1, 2, \cdots, n)$ で，第一の解とコレとの組に対応するのは $x_k=\xi_k+(\xi_k'+\xi_k'')$ $(k=1, 2, \cdots, n)$．

そして，$\xi_k, \xi_k', \xi_k''$ は実数だから

$$(\xi_k+\xi_k')+\xi_k''=\xi_k+(\xi_k'+\xi_k'')$$

で，問題の二つの解は同じ．

**箱崎** 結局，$M\times M$ から $M$ への問題の写像でも，結合法則は成り立ちますね：

$$(\alpha+\beta)+\gamma=\alpha+(\beta+\gamma) \qquad (\alpha, \beta, \gamma\in M).$$

**香椎**　実数の加法の計算での，もう一つの基本性質は？

**六本松**　交換法則：$a+b=b+a$ $(a, b\in \boldsymbol{R})$.

これは，加える順序には関係しないこと，つまり，$(a, b)$ に対応する実数と $(b, a)$ に対応する実数とは同じ，ということ．——$(a, b)$ と $(b, a)$ とは，$\boldsymbol{R}\times\boldsymbol{R}$ の元としては，同じとは限らないけど．

**箱崎**　$f, g\in M_1$ のとき

$$f+g : x \longmapsto f(x)+g(x) \quad (x\in I), \qquad g+f : x \longmapsto g(x)+f(x) \quad (x\in I)$$

で，$f(x)+g(x)$ と $g(x)+f(x)$ とは同じ実数ですから，

$$f+g=g+f$$

です．それから，$M_2$ の場合は，高校で習いました．

**六本松**　$M_3$ に含まれる二つの解を

$$x_k=\xi_k \quad (k=1, 2, \cdots, n), \qquad x_k=\xi_k' \quad (k=1, 2, \cdots, n)$$

とすると，この順番どおりの組に対応するのは $x_k=\xi_k+\xi_k'$ $(k=1, 2, \cdots, n)$．順番を入れかえた組に対応するのは $x_k=\xi_k'+\xi_k$ $(k=1, 2, \cdots, n)$ だけど，

$$\xi_k+\xi_k'=\xi_k'+\xi_k$$

だから，問題の二つの解は同じ．

**箱崎**　結局，$M\times M$ から $M$ への問題の写像でも，交換法則は成り立ちます：

$$\alpha+\beta=\beta+\alpha \qquad (\alpha, \beta\in M).$$

**香椎**　実数の加法の計算で，特異な性質をもつ，実数があるね．

**六本松**　零だ．零を加えても，変わらない：$a+0=a$ $(a\in \boldsymbol{R})$.

**箱崎**　この零に相当するのは——$M_1$ では，$I$ で恒等的に零な関数ですね．さっきと同じ計算で，分かります．

**六本松**　それは問題の微分方程式の解だから，$M_1$ に含まれてる．

**箱崎**　$M_2$ では，零ベクトルです．高校で習いました．

**六本松**　$M_3$ では，$x_k=0$ $(k=1, 2, \cdots, n)$ という解だ．

これは問題の連立１次方程式の解だから，$M_3$ に含まれてる．

**箱崎**　結局，実数の零を真似して，これらを代表して０で表すと……

**六本松**　$M$ には，

$$\alpha+0=\alpha \qquad (\alpha\in M)$$

という性質をもつ，特別な元０が含まれてる．

**香椎**　実数の加法の計算では，この零と関連して，異符号な数が活躍するね．

**箱崎**　$a$ に足して零になる実数 $-a$ ですね．

これに相当するのは——$M_1$ では，$f\in M_1$ に対しては

$$-f : x \longmapsto -f(x) \qquad (x\in I)$$

ですね．$f\in M_1$ のとき，$-f$ も $M_1$ に含まれていて，$f+(-f)$ は $I$ で恒等的に零ですから．

**六本松** $M_2$ では，大きさと方向は同じだけど，向きが反対なベクトル．

それから，$M_3$ では，$M_3$ に含まれる解 $x_k=\xi_k$ $(k=1,2,\cdots,n)$ に対して，$x_k=-\xi_k$ $(k=1,2,\cdots,n)$ がある．

これは問題の連立1次方程式の解で，$M_3$ に含まれてる．

**箱崎** 結局，$M$ に含まれる各元 $\alpha$ に対して

$$\alpha+\alpha'=0$$

という，$M$ に含まれる元 $\alpha'$ がありますね．

**香椎** 実数の計算での，零や異符号な数の意義は？

**六本松** 加法の逆算として，減法が定義されること．

**箱崎** $b-a$ は，$a+\square=b$ という□の中の数を求めることですが，それは $b$ に $-a$ を足したもの，ですから．

## 積の性質

**香椎** 実数の乗法の計算での，基本性質は？

**箱崎** 加法と似てます．まず，結合法則が成り立ちます：$(ab)c=a(bc)$ $(a,b,c\in\boldsymbol{R})$．

**六本松** その意義も加法の場合と同じ．

$((a,b),c)$ と $(a,(b,c))$ とに対応する実数は同じ，ということだから——$\boldsymbol{R}\times M$ から $M$ への問題の写像で，これに相当するのは……，$a,b$ が実数で，$c$ が $M$ の元の場合しか考えられない．

**箱崎** そうですね．$a$ は二番目の組の左側ですから，$\boldsymbol{R}\times M$ の元でコレに相当するのは，$\boldsymbol{R}$ の元ですね．

それから，$c$ は一番目の組の右側ですから，$\boldsymbol{R}\times M$ の元でコレに相当するのは，$M$ の元ですね．

**六本松** 問題は $b$ に相当するものだけど，二番目の組の右側に $(b,c)$ があるから，コレに相当するのは $M$ の元でないといけないし，$c$ に相当するのは $M$ の元だから，$b$ に相当するのは $\boldsymbol{R}$ の元，ということになる．

それで，$a,b\in\boldsymbol{R}$ で $\alpha\in M$ のとき，$(a,b)$ に，$a$ と $b$ との実数としての積 $ab$ を対応させると，$\boldsymbol{R}\times M$ から $M$ への問題の写像で，

$$(ab)\alpha=a(b\alpha)$$

が成り立つか——ということが考えられる．

**箱崎** これは成り立ちますね．$M_2$ の場合は高校で習ってますし，$M_1$ や $M_3$ の場合も，さっきのように，テイネイに計算すると，実数の場合の結合法則から，成り立つことが分かりますね．

**六本松**　実数の乗法でも，交換法則が成り立つ：$ab=ba$ $(a, b\in \boldsymbol{R})$.

$(a, b)$ と $(b, a)$ とに対応する実数は同じ，ということで——$\boldsymbol{R}\times M$ から $M$ への問題の写像で，これに相当するのは……，考えられない.

**箱崎**　$a$ は一番目の組の左側ですから，$\boldsymbol{R}\times M$ の元でコレに相当するのは，$\boldsymbol{R}$ の元でないといけないのに，$a$ はまた二番目の組の右側に現れて，$\boldsymbol{R}\times M$ の元でコレに相当するのは，$M$ の元でないといけないことになり，考えられませんね．$M$ の元は実数ではありませんから.

**六本松**　加法の場合の零と似た役割を，乗法でするのは1だ：$1a=a$ $(a\in \boldsymbol{R})$.

$(1, a)$ に対応する実数は，$a$ がドンナ実数でも，$a$ ということだから——$\boldsymbol{R}\times M$ から $M$ への問題の写像でこれに相当するのは……，

$$1\alpha=\alpha \qquad (\alpha\in M)$$

という性質だ.

**箱崎**　これも成り立ちますね．$M_2$ の場合は高校で習ってますし，$M_1$ や $M_3$ の場合も，さっきのように計算すると，実数の1の性質から，成り立つことが分かりますね.

**六本松**　加法の場合の異符号の数と似た役割を，乗法でするのは逆数だ：零ではない各実数 $a$ には $aa'=1$ という，実数 $a'$ がある.

$(a, a')$ に対応する実数が1になるような $a'$ がある，ということで——$\boldsymbol{R}\times M$ から $M$ への問題の写像でこれに相当するのは……，考えられない.

**箱崎**　$\boldsymbol{R}\times M$ の元に対応するのは $M$ の元で，決して，実数の1にはなりません，からね.

**六本松**　これで，オシマイ.

**香椎**　オシマイではない．実数の加法と乗法とを結びつける，基本性質は？

**六本松**　アッ．分配法則か：$a(b+c)=ab+ac$ $(a, b, c\in \boldsymbol{R})$.

$M$ で，これに相当するのは……，$a$ に相当するのが $\boldsymbol{R}$ の元で，$b, c$ に相当するのが $M$ の元の場合しか考えられない．$(a, b+c)$ に相当する，$\boldsymbol{R}\times M$ の元を探すと，ソウなる.

**箱崎**　結局，

$$a(\alpha+\beta)=a\alpha+a\beta \qquad (a\in \boldsymbol{R},\quad \alpha, \beta\in M)$$

ですが，これも成り立ちますね.

$M_2$ の場合は高校で習ってますし，$M_1$ や $M_3$ の場合も，実数の場合の分配法則から，分かりますね.

**香椎**　実数の乗法では交換法則が成り立つから，

$$(b+c)a=ba+ca \qquad (a, b, c\in \boldsymbol{R})$$

という形の分配法則もある.

**六本松**　$M$ で，これに相当するのは，

$$(b+c)\alpha=b\alpha+c\alpha \qquad (b, c\in \boldsymbol{R},\quad \alpha\in M)$$

で，これも成り立つ．左辺の「$b+c$」は，$b$ と $c$ との実数としての和．

**箱崎** これで，問題の二つの写像の計算は，実数の加法・乗法の場合とダイタイ同じこと，が分かりましたね．

## 三つの対象の共通点

**香椎** 三つの対象 $M_1, M_2, M_3$ に共通な性質を整理すると？

**六本松** $M_1, M_2, M_3$ を代表して $M$ で表すと，$M$ には，二つの写像

(イ) $M\times M$ から$M$ への写像，　　(ロ) $\boldsymbol{R}\times M$ から $M$ への写像

が与えられている．そして，……

**箱崎** (イ)の写像で $(\alpha, \beta)\in M\times M$ に対応する $M$ の元を $\alpha+\beta$，(ロ)の写像で $(c, \alpha)\in\boldsymbol{R}\times M$ に対応する $M$ の元を $c\alpha$ で表すと，次の八つの性質が成り立ちます：

(i) $(\alpha+\beta)+\gamma=\alpha+(\beta+\gamma)\quad(\alpha, \beta, \gamma\in M)$,

(ii) $\alpha+\beta=\beta+\alpha\quad(\alpha, \beta\in M)$,

(iii) $M$ の任意の元$\alpha$に対して，$\alpha+0=\alpha$ という，特定な $M$ の元0がある，

(iv) $M$ の各元$\alpha$に対して，$\alpha+\alpha'=0$ という，$M$ の元 $\alpha'$ がある，

(v) $(ab)\alpha=a(b\alpha)\quad(a, b\in\boldsymbol{R},\ \alpha\in M)$,

(vi) $1\alpha=\alpha\quad(\alpha\in M)$,

(vii) $a(\alpha+\beta)=a\alpha+a\beta\quad(a\in\boldsymbol{R},\ \alpha, \beta\in M)$,

(viii) $(a+b)\alpha=a\alpha+b\alpha\quad(a, b\in\boldsymbol{R},\ \alpha\in M)$.

**香椎** この認識が，線形代数の対象確立への，起点となる．

# 4 線形空間の概念に到達する

今日こそは，線形代数の対象を確立しよう．

そのために，これまでの歩みを振り返ってみよう．

## 共通点の抽出

**箱崎** 三つの背景——微分方程式をめぐる問題・2次曲線をめぐる問題・連立1次方程式をめぐる問題——から共通なものを抽き出しながら，線形代数を構成する，というのが先生の基本方針です．

**六本松** だから，この三つの背景での対象の共通点を調べて，そこから線形代数の対象を導入しよう——と，してるところ．

**香椎** どこまで進展したかね．

**箱崎** 微分方程式をめぐる問題では，微分方程式

$$\frac{d^n y}{dx^n}+p_1(x)\frac{d^{n-1}y}{dx^{n-1}}+\cdots+p_{n-1}(x)\frac{dy}{dx}+p_n(x)y=0$$

を考察するときの対象，つまり，この方程式の解全体の集合に注目して，それを $M_1$ と書きました．

$p_1, \cdots, p_n$ が区間 $I$ で連続なとき，$I$ を定義域とする解全体の集合が，$M_1$ です．

**六本松** 2次曲線をめぐる問題では，原点を始点とする位置ベクトル全体の集合が対象で，その集合を $M_2$ と書いた．

**箱崎** 連立1次方程式をめぐる問題では，連立1次方程式

$$a_{k1}x_1+a_{k2}x_2+\cdots+a_{kn}x_n=0 \qquad (k=1, 2, \cdots, m)$$

を考察するときの対象，つまり，この方程式の解全体の集合に注目して，それを $M_3$ と書

きました.

**香椎**　三つの対象 $M_1, M_2, M_3$ に共通な性質は？

**箱崎**　$M_1, M_2, M_3$ を代表して $M$ で表すと，$M$ には，二つの写像

（イ）　$M\times M$ から $M$ への写像，　（ロ）　$\boldsymbol{R}\times M$ から $M$ への写像

が与えられていて，（イ）の写像で $(\alpha, \beta)\in M\times M$ に対応する $M$ の元を $\alpha+\beta$，（ロ）の写像で $(c,\alpha)\in \boldsymbol{R}\times M$ に対応する $M$ の元を $c\alpha$ で表すと，次の八つの性質が成り立ちます：

(i)　$(\alpha+\beta)+\gamma=\alpha+(\beta+\gamma)$　　$(\alpha, \beta, \gamma\in M)$,

(ii)　$\alpha+\beta=\beta+\alpha$　　$(\alpha, \beta\in M)$,

(iii)　$M$ の任意の元 $\alpha$ に対して，　$\alpha+0=\alpha$　という，特定な $M$ の元 $0$ がある，

(iv)　$M$ の各元 $\alpha$ に対して，　$\alpha+\alpha'=0$　という，$M$ の元 $\alpha'$ がある，

(v)　$(ab)\alpha=a(b\alpha)$　　$(a, b\in \boldsymbol{R},\ \alpha\in M)$,

(vi)　$1\alpha=\alpha$　　$(\alpha\in M)$,

(vii)　$a(\alpha+\beta)=a\alpha+a\beta$　　$(a\in \boldsymbol{R},\ \alpha, \beta\in M)$,

(viii)　$(a+b)\alpha=a\alpha+b\alpha$　　$(a, b\in \boldsymbol{R},\ \alpha\in M)$.

**六本松**　二つの写像は——微分方程式をめぐる問題では，問題の方程式の二つの解の和や，問題の方程式の解の定数倍が，問題の方程式の解になること……

**箱崎**　2次曲線をめぐる問題では，原点を始点とする二つの位置ベクトルの和や，原点を始点とする位置ベクトルの実数倍がヤッパリ原点を始点とする位置ベクトルになること……

**六本松**　連立1次方程式をめぐる問題では，問題の方程式の二つの解を加えたものや，問題の方程式の解を実数倍したのが，問題の方程式の解になること——から見つけ出した.

**箱崎**　八つの性質は——問題の二つの写像，つまり，〈和〉や〈積〉の計算は，実数の和や積の計算と同じように出来るかどうか，それを比べること——から見つけました.

**六本松**　話は，ココまで.

## 線形空間の導入

**香椎**　高校までは，関数というと〈実変数の実数値〉関数だね.

**箱崎**　$\boldsymbol{R}$ の部分集合から $\boldsymbol{R}$ への写像だけです.

**香椎**　だから，さっき箱崎君が書いた微分方程式では，係数の関数 $p_1, \cdots, p_n$ は実変数の実数値関数で，方程式の解も実変数の実数値関数を考えているね.

ところが，少し進むと，実変数の複素数値関数も扱うようになる.

**箱崎**　$\boldsymbol{R}$ の部分集合から複素数全体の集合 $\boldsymbol{C}$ への，写像ですね.

**六本松**　それで，微分方程式でも，その解として，実変数の複素数値関数が出てくる.

**香椎**　その通りで，実変数の実数値解を求めるためにも，実変数の複素数値解の利用が，

有用となる．

そこで，$z_1, \cdots, z_n$ が区間 $I$ で連続な実変数の複素数値関数のとき，微分方程式

$$\frac{d^n y}{dx^n}+z_1(x)\frac{d^{n-1}y}{dx^{n-1}}+\cdots+z_{n-1}(x)\frac{dy}{dx}+z_n(x)y=0$$

を考察することも重要となる．

**箱崎**　実変数の複素数値関数の導関数は，どんな風に計算するんですか？

**香椎**　実数値関数の場合と同じだね．〈定数〉が実数から複素数に変わるだけだ．

たとえば，$\boldsymbol{R}$ を定義域とする複素数値関数

$$z:\ x \longmapsto \cos x+i\sin x \qquad (x\in\boldsymbol{R})$$

の導関数は……

**六本松**　虚数単位 $i$ は定数だから，実数値関数の場合と同じように計算すると，

$$\frac{dz}{dx}=\frac{d}{dx}\cos x+i\frac{d}{dx}\sin x=-\sin x+i\cos x.$$

**箱崎**　そうすると，実変数の複素数値関数の極限の計算は，実数値関数のときと同じで，〈定数〉が実数から複素数に変わるだけ――というコトですから，実変数の複素数値関数が連続ということも，実数値関数のときと，形の上では同じですね．

**六本松**　それから，原始関数の計算も同じ．

**香椎**　たとえば，さっきの $z$ の原始関数は？

**六本松**　微分して $z$ になるのだから，その一つは，

$$\int z(x)dx=\int\cos x\,dx+i\int\sin x\,dx=\sin x-i\cos x.$$

**香椎**　さて，$z_1, \cdots, z_n$ を係数に持つ，この微分方程式の，区間 $I$ を定義域とする複素数値解の全体の集合を，$M_4$ と書こう．$M_4$ の性質は？

**箱崎**　$M_1$ と同じですね．導関数の計算は，実数値関数のときと同じですから――二つの解の和や，解の定数倍も解になり……

**六本松**　〈定数〉は実数から複素数に変わるから，$M_1$ の性質で，$\boldsymbol{R}$ を $\boldsymbol{C}$ に置き換えたのが成り立つ．

つまり，$M_4$ には，二つの写像

（イ）$M_4\times M_4$ から $M_4$ への写像，　（ロ）$\boldsymbol{C}\times M_4$ から $M_4$ への写像

が与えられていて，さっきの (i) から (viii) で，$\boldsymbol{R}$ を $\boldsymbol{C}$ に置き換えた性質が成り立つ．

**香椎**　連立1次方程式の場合にも，同じ事情があるね．

これまでは，実係数の連立1次方程式だけを扱ってきた……

**六本松**　これからは，複素係数の連立1次方程式と，その複素数の解も考える．

**箱崎** $b_{kj}$ を複素数として，連立1次方程式

$$b_{k1}x_1+b_{k2}x_2+\cdots+b_{kn}x_n=0 \qquad (k=1,2,\cdots,m)$$

の，複素数の解全体の集合を $M_5$ とすると，$M_5$ は $M_3$ と同じ性質を持ちますね．

二つの解を加えたものや，解を複素数倍したものも，解になりますし……

**六本松** つまり，$M_5$ には，二つの写像

(イ) $M_5\times M_5$ から $M_5$ への写像，　(ロ) $\boldsymbol{C}\times M_5$ から $M_5$ への写像

が与えられていて，さっきの(i)から(viii)で，$\boldsymbol{R}$ を $\boldsymbol{C}$ に置き換えた性質が成り立つ

複素数の和や積の計算は，実数の和や積の計算と同じように出来るから．

**香椎** 役者は出そろった．

$M_1, M_2, M_3, M_4, M_5$ に共通な性質は？

**箱崎** さっき整理した，$M$ の性質です．

チョッと違うのは，(ロ)の写像で，$M_1, M_2, M_3$ では $\boldsymbol{R}$, $M_4, M_5$ では $\boldsymbol{C}$ が現れますから……

**六本松** $\boldsymbol{R}$ と $\boldsymbol{C}$ を代表して $F$ で表し，$M_1, M_2, M_3, M_4, M_5$ を代表して $M$ で表すと，$M$ には，二つの写像

(イ) $M\times M$ から $M$ への写像，　(ロ) $F\times M$ から $M$ への写像

が与えられていて，さっきの(i)から(viii)で，$\boldsymbol{R}$ を $F$ に置き換えた性質が成り立つ．

**香椎** これは，五つの集合 $M_1$ から $M_5$ が持つ共通な性質だが，逆に，この性質を持つ集合は，この五つとは限らない．数学の各分野に散在する．

**箱崎** それで，この性質を持つ集合が重要で，それを対象にするのが，線形代数なんですね．

**香椎** 線形代数の対象を，正確に，定義しよう．

## 線形代数の対象

**香椎** $\boldsymbol{R}$ と $\boldsymbol{C}$ とを代表して，$F$ で表す．

集合 $V$ に，二つの写像

(イ) $V\times V$ から $V$ への写像，　(ロ) $F\times V$ から $V$ への写像

が与えられていて，(イ)の写像で $(\alpha,\beta)\in V\times V$ に対応する $V$ の元を $\alpha\oplus\beta$，(ロ)の写像で $(c,\alpha)\in F\times V$ に対応する $V$ の元を $c\circ\alpha$ で表すとき，次の八つの性質が成り立つ：

(i) $(\alpha\oplus\beta)\oplus\gamma=\alpha\oplus(\beta\oplus\gamma) \quad (\alpha,\beta,\gamma\in V)$，

(ii) $\alpha\oplus\beta=\beta\oplus\alpha \quad (\alpha,\beta\in V)$，

(iii) $V$ の任意の元 $\alpha$ に対して，$\alpha\oplus\mathbf{0}=\alpha$ という，特定な $V$ の元 $\mathbf{0}$ が存在する，

(iv) $V$ の各元 $\alpha$ に対して，$\alpha\oplus\alpha'=\mathbf{0}$ という，$V$ の元 $\alpha'$ が存在する，

(v) $(ab)\circ\alpha=a\circ(b\circ\alpha) \quad (a,b\in F,\ \alpha\in V)$， (vi)　$1\circ\alpha=\alpha \qquad (\alpha\in V)$,

(vii)　$a\circ(\alpha\oplus\beta)=(a\circ\alpha)\oplus(a\circ\beta) \qquad (a\in F,\ \alpha,\beta\in V)$,

(viii)　$(a+b)\circ\alpha=(a\circ\alpha)\oplus(b\circ\alpha) \qquad (a,b\in F,\ \alpha\in V)$.

このとき，$V$は$F$上の線形空間とよばれている．

**六本松**　線形空間が線形代数の対象で，線形代数では線形空間の性質を調べる．

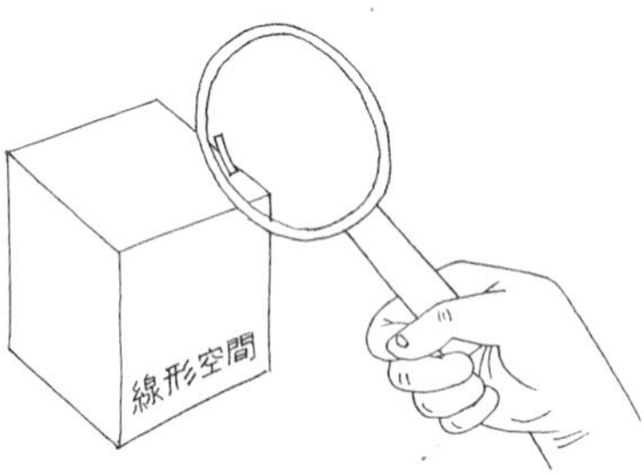


**香椎**　具体的な線形空間では，$F$は，$\boldsymbol{R}$か$\boldsymbol{C}$のドチラか一方に決まる．

$F$が$\boldsymbol{R}$のときは実線形空間，$F$が$\boldsymbol{C}$のときは複素線形空間と，いうこともある．

**箱崎**　$M_1, M_2, M_3$ は実線形空間で，$M_4, M_5$ は複素線形空間ですね．

**香椎**　線形空間の概念は，さらに拡張される．$F$が〈体〉とか〈環〉の場合へ．

しかし，教養課程の数学では，$F$は$\boldsymbol{R}$または$\boldsymbol{C}$というのが標準的だから，これ以上は拡張しない．

**六本松**　だから，〈体〉とか〈環〉とかは，知らんでも，いいのだ．

**香椎**　$\alpha\oplus\beta$ を$\alpha$と$\beta$との和，$c\circ\alpha$ を$c$と$\alpha$との積，または，スカラー倍とも，いうことがある．

**六本松**　むやみヤタラと，名前が出てくる．だから，数学はイヤらしい．

**箱崎**　スカラー倍というのは物理からきてるのでしょうが，和と積の書き方ですが，実数の和や積とダイタイ同じ性質を持ってるので，それと同じに $\alpha+\beta$, $c\alpha$ と，それから，(iii)と(iv)で$\mathbf{0}$を零と，この前までは書いてましたが……

**香椎**　箱崎君は，さっき，そのように書いたね．たとえば，

$$\text{(v)}\quad (ab)\alpha=a(b\alpha)$$

と．この左辺の $(ab)$ は実数$a$と$b$との積で，$(ab)\alpha$は実数$ab$と$M$の元$\alpha$との積，すなわち，（ロ）の写像での積だったね．同じ記号で書くと，この点を混同しやすい．とくに

初学者ほど．(iii) と (iv) の零についても，同様だ．

慣れてくれば，勿論，同じ記号にもどるのだがね．

**箱崎** 分かりました．それから，線形空間は $M_1$ から $M_5$ のほかに，数学の各分野に散在している，ということですが……

**六本松** 身近に，ある！

## 線形空間についての注意

**六本松** $\boldsymbol{R}$ は，$\boldsymbol{R}$ 上の線形空間．

$F$ も $V$ も $\boldsymbol{R}$ のとき，和と積は

$$\alpha \oplus \beta = \alpha + \beta \quad (\alpha, \beta \in \boldsymbol{R}), \quad c \circ \alpha = c\alpha \quad (c, \alpha \in \boldsymbol{R})$$

と自然に決まって，(i) から (viii) が成り立つことは明らか．

この八つの性質は，実数の和や積と比べて見つけた，のだから．

**箱崎** そうすると，$\boldsymbol{R}$ は $\boldsymbol{C}$ 上の線形空間にも，なりますね．

$F$ が $\boldsymbol{C}$，$V$ が $\boldsymbol{R}$ のとき，和と積は

$$\alpha \oplus \beta = \alpha + \beta \quad (\alpha, \beta \in \boldsymbol{R}), \quad c \circ \alpha = c\alpha \quad (c \in \boldsymbol{C}, \alpha \in \boldsymbol{R})$$

と自然に決まって，(i) から (viii) が成り立ちますから．

**香椎** ホントにホント？

**六本松** ホントにソウなら，うれしいけれど——ならない．

$c$ が $i$，$\alpha$ が実数のとき，$c\alpha$ は虚数で実数ではないから，写像

$$(c, \alpha) \longmapsto c\alpha \qquad (c \in \boldsymbol{C},\ \alpha \in \boldsymbol{R})$$

は，$\boldsymbol{C} \times \boldsymbol{R}$ から $\boldsymbol{R}$ への写像ではない．

**箱崎** 和と積の作り方は同じでも，$F$ が違うと，線形空間になったり，ならなかったり，するんですね．

でも，$F$ も $V$ も $\boldsymbol{C}$ のときは，和と積が

$$\alpha \oplus \beta = \alpha + \beta \quad (\alpha, \beta \in \boldsymbol{C}), \quad c \circ \alpha = c\alpha \quad (c, \alpha \in \boldsymbol{C})$$

と自然に決まって，$\boldsymbol{C}$ は $\boldsymbol{C}$ 上の線形空間です．

今度は，どっちも，$\boldsymbol{C} \times \boldsymbol{C}$ から $\boldsymbol{C}$ への写像ですから．

**香椎** $F$ も $V$ も $\boldsymbol{C}$ のとき，二つの写像が

$$\alpha \oplus \beta = \alpha + \beta \quad (\alpha, \beta \in \boldsymbol{C}), \quad c \circ \alpha = \bar{c}\alpha \quad (c, \alpha \in \boldsymbol{C})$$

で与えられると？ $\bar{c}$ は，$c$ の共役数だがね．

**六本松** どっちも $\boldsymbol{C} \times \boldsymbol{C}$ から $\boldsymbol{C}$ への写像で，和についての四つの性質が成り立つことは，明らか．

**箱崎** $a, b, \alpha \in \boldsymbol{C}$ のとき

$$(ab)\circ\alpha=\overline{ab}\alpha=(\bar{a}\bar{b})\alpha,\quad a\circ(b\circ\alpha)=a\circ(\bar{b}\alpha)=\bar{a}(\bar{b}\alpha)$$

ですから，(v) は成り立ちます．

**六本松**　1の共役数は1だから，(vi) も成り立つ．

**箱崎**　$a, \alpha, \beta\in \boldsymbol{C}$ のとき

$$a\circ(\alpha\oplus\beta)=a\circ(\alpha+\beta)=\bar{a}(\alpha+\beta)=\bar{a}\alpha+\bar{b}\beta,$$
$$(a\circ\alpha)\oplus(\alpha\circ\beta)=(\bar{a}\alpha)\oplus(\bar{a}\beta)=\bar{a}\alpha+\bar{b}\beta$$

ですから，(vii) は成り立ちます．

**六本松**　$a, b, \alpha\in \boldsymbol{C}$ のとき

$$(a+b)\circ\alpha=\overline{a+b}\alpha=(\bar{a}+\bar{b})\alpha,$$
$$(a\circ\alpha)\oplus(b\circ\alpha)=(\bar{a}\alpha)\oplus(\bar{b}\alpha)=\bar{a}\alpha+\bar{b}\alpha$$

だから，(viii) も成り立つ．

結局，$\boldsymbol{C}$ は $\boldsymbol{C}$ 上の線形空間．

**箱崎**　和や積は，自然に決まるのでなくてもいいんですね．

**香椎**　〈和〉や〈積〉という言葉に捉われては，いけない．

**六本松**　$V\times V$ から $V$ への写像，$F\times V$ から $V$ への写像なら，何でも，いいのだ！

**香椎**　$\boldsymbol{C}$ は，二通りの仕方で，$\boldsymbol{C}$ 上の線形空間となることを知ったが，この二つの線形空間は異なる，と考えるのが妥当だね．

**六本松**　積の作り方が違うから．

**香椎**　このように，同一の集合 $V$ が，幾通りもの仕方で，同一の $F$ 上の線形空間となることがある．その際，和または積の与え方が異なるもの，すなわち，異なる写像となるものは，異なる線形空間だね．

だから，厳格には，どのような 和・積 に関する線形空間かを明記しないと，いけない．

**箱崎**　〈$\boldsymbol{C}$ 上の線形空間 $\boldsymbol{C}$〉というだけでは，ボクの意味での線形空間なのか，センセイの意味での線形空間なのか' 分からない，からですね．

それから，$V$ が $\boldsymbol{R}$ や $\boldsymbol{C}$ でないのには，どんなのがありますか．

**香椎**　それは，次の機会に見よう．

これまでの話で大切なことの一つは，線形空間を導入した思考法だ．これは，現代数学の典型的手法だ．

わかるかな．

**六本松**　わかんねぇだろうな．

# 5 線形空間の周辺を散策する

オプションの内訳は，数学の各分野に散在する線形空間，だったね．
線形空間の，定義の復習から，始めよう．

## 線 形 空 間

**箱崎**　$\boldsymbol{R}$ と $\boldsymbol{C}$ とを代表して，$F$で表します．
集合$V$が$F$上の線形空間というのは，二つの写像

（イ）　$V\times V$ から$V$への写像，　（ロ）　$F\times V$ から$V$への写像

が与えられていて，（イ）の写像で $(\alpha,\beta)\in V\times V$ に対応する$V$の元を $\alpha\oplus\beta$，（ロ）の写像で $(c,\alpha)\in F\times V$ に対応する$V$の元を $c\circ\alpha$ で表すとき，次の八つの性質が成り立つ，ことです：

(i)　$(\alpha\oplus\beta)\oplus\gamma=\alpha\oplus(\beta\oplus\gamma)\qquad(\alpha,\beta,\gamma\in V)$,
(ii)　$\alpha\oplus\beta=\beta\oplus\alpha\qquad(\alpha,\beta\in V)$,
(iii)　$V$の任意の元$\alpha$に対して，$\alpha\oplus\boldsymbol{0}=\alpha$ という，特定な$V$の元$\boldsymbol{0}$が存在する，
(iv)　$V$の各元$\alpha$に対して，$\alpha\oplus\alpha'=\boldsymbol{0}$ という，$V$の元 $\alpha'$ が存在する，
(v)　$(ab)\circ\alpha=a\circ(b\circ\alpha)\qquad(a,b\in F,\ \alpha\in V)$,
(vi)　$1\circ\alpha=\alpha\qquad(\alpha\in V)$,
(vii)　$a\circ(\alpha\oplus\beta)=(a\circ\alpha)\oplus(a\circ\beta)\qquad(a\in F,\ \alpha,\beta\in V)$,
(viii)　$(a+b)\circ\alpha=(a\circ\alpha)\oplus(b\circ\alpha)\qquad(a,b\in F,\ \alpha\in V)$.

**六本松**　具体的な線形空間では，$F$は，$\boldsymbol{R}$ か $\boldsymbol{C}$ のドッチか一方に決定してる．

**箱崎**　どんな二つの写像，つまり，どんな 和・積 に関する線形空間かハッキリさせること，も大切でした．

**六本松**　同じ集合$V$が，違う 和・積 に関して，何通りにも，同じ$F$上の線形空間になるこ

と，が起こるから.

**香椎** 線形空間の例を調べる前に，どの程度まで理解しているか，オープニング・テスト

と，いこう.

## 零元と逆元

**香椎** 正の実数全体の集合 $\boldsymbol{R}^+$，すなわち，

$$\boldsymbol{R}^+=\{\alpha\in\boldsymbol{R}\mid\alpha>0\}$$

は，

$$\alpha\oplus\beta=\alpha\beta\quad(\alpha,\beta\in\boldsymbol{R}^+),\quad c\circ\alpha=\alpha^c\quad(c\in\boldsymbol{R},\alpha\in\boldsymbol{R}^+)$$

という，和 $\oplus$ と積 $\circ$ とに関して，$\boldsymbol{R}$ 上の線形空間となるかね？

**箱崎** この和はフツウの積ですが——〈和〉という言葉に捉われては，いけないんでしたね.

**六本松** （イ）という写像になってるかが問題で，$\alpha>0$, $\beta>0$ のとき $\alpha\beta>0$ だから，写像

$$\oplus:(\alpha,\beta)\mapsto\alpha\beta\qquad(\alpha,\beta\in\boldsymbol{R}^+)$$

は，確かに，$\boldsymbol{R}^+\times\boldsymbol{R}^+$ から $\boldsymbol{R}^+$ への写像.

**箱崎** $c$ がドンナ実数でも，$\alpha>0$ なら，$\alpha^c>0$ ですから，写像

$$\circ:(c,\alpha)\mapsto\alpha^c\qquad(c\in\boldsymbol{R}^+,\alpha\in\boldsymbol{R})$$

は，$\boldsymbol{R}\times\boldsymbol{R}^+$ から $\boldsymbol{R}^+$ への写像ですね.

**六本松** 第一の関門は，ブジ通過.✓

**箱崎** あとは八つの性質ですが——(i)は，$\alpha,\beta,\gamma\in\boldsymbol{R}^+$ のとき

$$(\alpha\oplus\beta)\oplus\gamma=(\alpha\beta)\oplus\gamma=(\alpha\beta)\gamma,\quad\alpha\oplus(\beta\oplus\gamma)=\alpha\oplus(\beta\gamma)=\alpha(\beta\gamma)$$

で，$(\alpha\beta)\gamma=\alpha(\beta\gamma)$ ですから，成り立ちますね.

**六本松** $\alpha,\beta\in\boldsymbol{R}^+$ のとき

$$\alpha\oplus\beta=\alpha\beta,\quad\beta\oplus\alpha=\beta\alpha$$

で，$\alpha\beta=\beta\alpha$ だから，(ii)も成立.

**箱崎** (iii)は，正の実数で，$\boldsymbol{R}^+$ のドンナ元 $\alpha$ に対しても，何時でも

$$\alpha\oplus x=\alpha,\ \text{つまり},\ \alpha x=\alpha$$

となるようなのがあるか，で——1がソウで，成り立ちますね.

**六本松** それで，(iv)は，$\boldsymbol{R}^+$ のドンナ元 $\alpha$ に対しても，それぞれ，

$$\alpha\oplus\alpha'=1,\ \text{つまり},\ \alpha\alpha'=1$$

となる正の実数 $\alpha'$ があるか，が問題で——明らかに，$\alpha$ の逆数がある.

$\alpha$ は正の実数だから，その逆数 $\dfrac{1}{\alpha}$ があって，これも正の実数だから.

**箱崎** 今の場合は，(iii)の性質を持つ $\boldsymbol{R}^+$ の元は1ダケですから問題ないんですが，一般的

には二つ以上あるかもしれませんね. そのときは——たとえば, $\mathbf{0}_1, \mathbf{0}_2$ と二つあると——(iv)では,

$$\alpha \oplus \alpha' = \mathbf{0}_1, \quad \alpha \oplus \alpha'' = \mathbf{0}_2$$

となるような $\alpha', \alpha''$ があるか, 調べることになりますね.

**香椎** それは, 鋭い観察だ.

だが, 一般に, $F$ 上の線形空間 $V$ で, $V$ の元 $\mathbf{0}_1, \mathbf{0}_2$ が(iii)の性質を持つと,

$$\alpha \oplus \mathbf{0}_1 = \alpha, \quad \alpha \oplus \mathbf{0}_2 = \alpha$$

が, $V$ の任意の元 $\alpha$ に対して成立するね.

そこで, 第一式の $\alpha$ として $\mathbf{0}_2$, 第二式の $\alpha$ として $\mathbf{0}_1$ という場合を考えると……

**六本松**

$$\mathbf{0}_2 \oplus \mathbf{0}_1 = \mathbf{0}_2, \quad \mathbf{0}_1 \oplus \mathbf{0}_2 = \mathbf{0}_1$$

だけど……, (ii)が成立するから

$$\mathbf{0}_2 \oplus \mathbf{0}_1 = \mathbf{0}_1 \oplus \mathbf{0}_2$$

で, 結局,

$$\mathbf{0}_2 = \mathbf{0}_1.$$

**箱崎** つまり, (iii)の性質を持つ $V$ の元は一つダケなんですね.

**香椎** この, ただ一つの $V$ の元は, $V$ の零元と, よばれている.

**六本松** $\boldsymbol{R}^+$ の零元は, 1.

**箱崎** 零でもないのに, 零元というのは……

**香椎** 〈零〉元という言葉に捉われない.

**六本松** ナはタイを表さない!

**箱崎** 問題の八つの性質は, 実数の足し算・掛け算の性質と比べて気がついたんですから, (iii)の性質を持つのがタダ一つ, というのはトウゼン予想しないと, いけなかったんですね.

実数の足し算では, 零だけ, ですから.

**六本松** そうすると, (iv)の性質を持つ $\alpha'$ も, $\alpha$ に対して, それぞれ, 一つずつしかない?

実数の足し算では, 足して零になる実数は, 一つしかないから.

**香椎** その通りだ.

一般に, $V$ の各元 $\alpha$ に対して, $\alpha \oplus \alpha' = \mathbf{0}$ という $V$ の元 $\alpha'$ は, ただ一つしか存在しない. この $\alpha'$ は, $\alpha$ の**逆元**と, よばれている.

**箱崎** 証明ですが……

**香椎** 証明は，この次までに，考えてごらん．もとの $\boldsymbol{R}^+$ へ返ると？

**六本松** (iv) まで，すんでた——$a,\ b\in\boldsymbol{R}$，$\alpha\in\boldsymbol{R}^+$ のとき

$$(ab)\circ\alpha=\alpha^{ab},\quad a\circ(b\circ\alpha)=a\circ\alpha^b=(\alpha^b)^a$$

で，$\alpha^{ab}=(\alpha^b)^a$ だから，(v) も成立．

**箱崎** (vi) は，$\alpha\in\boldsymbol{R}^+$ のとき

$$1\circ\alpha=\alpha^1=\alpha$$

で，成り立ちます．

**六本松** $a\in\boldsymbol{R}$，$\alpha,\ \beta\in\boldsymbol{R}^+$ のとき

$$a\circ(\alpha\oplus\beta)=a\circ(\alpha\beta)=(\alpha\beta)^a,\quad (a\circ\alpha)\oplus(a\circ\beta)=\alpha^a\oplus\beta^a=\alpha^a\beta^a$$

で，$(\alpha\beta)^a=\alpha^a\beta^a$ だから，(vii) も成立．

**箱崎** (viii) は，$a,\ b\in\boldsymbol{R}$，$\alpha\in\boldsymbol{R}^+$ のとき

$$(a+b)\circ\alpha=\alpha^{a+b},\quad (a\circ\alpha)\oplus(b\circ\alpha)=\alpha^a\oplus\alpha^b=\alpha^a\alpha^b$$

で，$\alpha^{a+b}=\alpha^a\alpha^b$ ですから，成り立ちます．

結局，$\boldsymbol{R}^+$ は $\boldsymbol{R}$ 上の線形空間です．

**六本松** 線形空間になるとは，思わなかった．人工的なニオイがプン・プン．

**香椎** ソウでもないのだ．あとで分かる．

## 数ベクトル空間

**香椎** 線形空間はベクトル空間，線形空間の元はベクトルと，よばれることがある．

この名前から連想される，もっとも自然な線形空間は……

**箱崎** 平面上のベクトルの全体や，空間のベクトルの全体ですね．

位置ベクトル全体のときのように，ベクトルの和と，実数とベクトルの積に関して，実線形空間です．

**香椎** 成分表示すると？

**箱崎** 平面上のベクトルの全体

$$V=\{(x_1,\ x_2)\mid x_1,\ x_2\in\boldsymbol{R}\}$$

は，和

$$(a_1,\ a_2)+(b_1,\ b_2)=(a_1+b_1,\ a_2+b_2)\qquad ((a_1,\ a_2),\ (b_1,\ b_2)\in V)$$

と，積

$$c(a_1,\ a_2)=(ca_1,\ ca_2)\qquad (c\in\boldsymbol{R},\ (a_1,\ a_2)\in V)$$

に関して，$\boldsymbol{R}$ 上の線形空間です．

**六本松** 空間のベクトルの全体

$$W=\{(x_1,\ x_2,\ x_3)\mid x_1,\ x_2,\ x_3\in\boldsymbol{R}\}$$

は，和

$$(a_1, a_2, a_3)+(b_1, b_2, b_3)=(a_1+b_1, a_2+b_2, a_3+b_3) \qquad ((a_1, a_2, a_3), (b_1, b_2, b_3)\in W)$$

と，積

$$c(a_1, a_2, a_3)=(ca_1, ca_2, ca_3) \qquad (c\in \boldsymbol{R}, (a_1, a_2, a_3)\in W)$$

に関して，$\boldsymbol{R}$ 上の線形空間.

**香椎**　これを一般化すると，自然に，次の結果へ到達するね：自然数 $n$ に対して，$n$ 個の実数の組全体の集合

$$\boldsymbol{R}^n=\{(x_1, x_2, \cdots, x_n)\,|\,x_1, x_2, \cdots, x_n\in \boldsymbol{R}\}$$

は，和

$$(a_1, a_2, \cdots, a_n)+(b_1, b_2, \cdots, b_n)=(a_1+b_1, a_2+b_2, \cdots, a_n+b_n)$$
$$((a_1, a_2, \cdots, a_n), (b_1, b_2, \cdots, b_n)\in \boldsymbol{R}^n),$$

と，積

$$c(a_1, a_2, \cdots, a_n)=(ca_1, ca_2, \cdots, ca_n) \qquad (c\in \boldsymbol{R}, (a_1, a_2, \cdots a_n)\in \boldsymbol{R}^n),$$

とに関して，$\boldsymbol{R}$ 上の線形空間となる.

この実線形空間 $\boldsymbol{R}^n$ は，**$n$ 項実ベクトル空間**と，よばれている.

**六本松**　一般化のための一般化，くさい.

**香椎**　解析で学習するだろう——$n$ 個の実変数の関数の定義域は，$\boldsymbol{R}^n$ の部分集合と.

**箱崎**　まだ一変数です．高校の繰り返しみたいなことを習ってます.

**香椎**　$M_3$ という，実線形空間があったね.

**箱崎**　連立 1 次方程式

$$a_{k1}x_1+a_{k2}x_2+\cdots+a_{kn}x_n=0 \qquad (k=1, 2, \cdots, m)$$

の解全体ですね.

**香椎**　$M_3$ での，和と積は？

**六本松**　二つの解

$$x_1=\xi_1,\ x_2=\xi_2,\ \cdots,\ x_n=\xi_n \quad と \quad x_1=\xi_1',\ x_2=\xi_2',\ \cdots,\ x_n=\xi_n'$$

との組に，解

$$x_1=\xi_1+\xi_1',\ x_2=\xi_2+\xi_2',\ \cdots,\ x_n=\xi_n+\xi_n'$$

を対応させる写像が，和.

**箱崎**　実数 $c$ と，$M_3$ に含まれる解

$$x_1=\xi_1,\ x_2=\xi_2,\ \cdots,\ x_n=\xi_n$$

との組に，$M_3$ に含まれる解

$$x_1=c\xi_1,\ x_2=c\xi_2,\ \cdots,\ x_n=c\xi_n$$

を対応させる写像が，積です.

**香椎**　$n$が2または3のときは，幾何学的に解釈できたね．

**箱崎**　$n$が2のとき，$M_3$に含まれる解

$$x_1=\xi_1,\ x_2=\xi_2 \text{ は点 } (\xi_1, \xi_2),\quad x_1=\xi_1',\ x_2=\xi_2' \text{ は点 } (\xi_1', \xi_2'),$$

$$x_1=\xi_1+\xi_1',\ x_2=\xi_2+\xi_2' \text{ は点 } (\xi_1+\xi_1', \xi_2+\xi_2),\quad x_1=c\xi_1',\ x_2=c\xi_2' \text{ は点 } (c\xi_1', c\xi_2'),$$

で表されます……

**六本松**　分かった．

こんな風に書くと，$n$が2のとき，$M_3$の和と積は，$\boldsymbol{R}^2$の和と積と同じで——一般的に，$M_3$に含まれる解

$$x_1=\xi_1,\ x_2=\xi_2,\ \cdots,\ x_n=\xi_n \text{ を} n \text{ 個の実数の組 } (\xi_1, \xi_2, \cdots, \xi_n)$$

で表すと，$M_3$は$\boldsymbol{R}^n$の部分集合になって，$\boldsymbol{R}^n$と同じ和と積に関して実線形空間になる．

**香椎**　$n$が4以上のとき，$\boldsymbol{R}^n$を幾何学的に直観することは出来ないが，多変数の関数や，連立1次方程式の考察などから，自然に，$\boldsymbol{R}^n$という概念が得られる．

**箱崎**　複素数を係数に持つ，連立1次方程式

$$b_{k1}x_1+b_{k2}x_2+\cdots+b_{kn}x_n=0 \qquad (k=1, 2, \cdots, m)$$

の複素解の全体$M_5$という，複素線形空間がありましたね．

$M_5$に含まれる解は，$M_3$を真似すると，$n$個の複素数の組で表され，和と積は$M_3$と同じ要領で書けますから，$\boldsymbol{R}^n$も一般化されますね．

**香椎**　その通りだ．$n$個の複素数の組全体の集合

$$\boldsymbol{C}^n=\{(z_1, z_2, \cdots, z_n)\,|\,z_1, z_2, \cdots, z_n\in\boldsymbol{C}\}$$

は，$n$項実ベクトル空間$\boldsymbol{R}^n$の和と積とで，$\langle\boldsymbol{R}\rangle$を$\langle\boldsymbol{C}\rangle$で置き換えた，和と積とに関して，$\boldsymbol{C}$上の線形空間となる．この複素線形空間$\boldsymbol{C}^n$は，**$n$項複素ベクトル空間**と，よばれている．

$n$項実ベクトル空間と$n$項複素ベクトル空間とを総称して，**数ベクトル空間**と，いう．

## 写像の線形空間

**香椎**　ベクトルは数Ⅰ・数Ⅱの範囲だろうが，数Ⅲでは数列が出てくるね．

**箱崎**　無限数列ですね．

**香椎**　それについて，何を学習したかね．

**六本松**　二つの数列$\{a_n\}$, $\{b_n\}$が収束して，$\lim_{n\to\infty} a_n=A$, $\lim_{n\to\infty} b_n=B$なら

（イ）$\lim_{n\to\infty}(a_n+b_n)=A+B$,　　（ロ）$\lim_{n\to\infty}(ca_n)=cA$　（$c$は定数），

（ハ）$\lim_{n\to\infty}(a_nb_n)=AB$,　　（ニ）$\lim_{n\to\infty}\dfrac{a_n}{b_n}=\dfrac{A}{B}$　（ただし，$b_n\neq 0$, $B\neq 0$）．

**香椎**　(イ)は，二つの収束数列 $\{a_n\}$, $\{b_n\}$ から，$a_n+b_n$ を一般項とする数列 $\{a_n+b_n\}$ を作ると，これも収束すること，(ロ)は，実数 $c$ と収束数列 $\{a_n\}$ とから，$ca_n$ を一般項とする数列 $\{ca_n\}$ を作ると，これも収束することを意味しているね．高校では実数を項とする数列，すなわち実数列しか扱わないから，(ロ)の定数は実数だね．

これを，収束する実数列全体の集合 $S$，という立場から眺めると？

**箱崎**　(イ)からは，

$$(\{a_n\}, \{b_n\}) \longmapsto \{a_n+b_n\} \qquad (\{a_n\}, \{b_n\} \in S)$$

という，$S\times S$ から $S$ への写像，(ロ)からは，

$$(c, \{a_n\}) \longmapsto \{ca_n\} \qquad (c\in \boldsymbol{R}, \{a_n\} \in S)$$

という，$\boldsymbol{R}\times S$ から $S$ への写像が，考えられます……

**六本松**　そして，$S$は，この和と積に関して，$\boldsymbol{R}$ 上の線形空間．

実数列は自然数全体の集合 $\boldsymbol{N}$ を定義域とする実数値関数だから，微分方程式の解の線形空間 $M_1$ と同じ計算で，分かる．

**香椎**　一般化すると？

**箱崎**　収束するのだけでなく，収束しないのも全部あつめた，実数列全体の集合は，同じような和と積に関して実線形空間になりますね．

**六本松**　項が複素数の数列全体の集合は，複素線形空間．

**香椎**　関数は写像の一種だね．さらに一般化すると？

**六本松**　$\boldsymbol{R}$ と $\boldsymbol{C}$ とを代表して$F$で表すと，集合$T$から$F$への写像全体の集合$U$は，

$$(f, g) \longmapsto f+g \quad (f, g\in U), \qquad (c, f) \longmapsto cf \quad (c\in F, f\in V)$$

という和と積に関して，$F$上の線形空間．

もちろん，$f+g$ は

$$f+g:\ x \longmapsto f(x)+g(x) \qquad (x\in T)$$

という，$T$ から $F$ への写像で，$cf$ は

$$cf:\ x \longmapsto cf(x) \qquad (x\in T)$$

という，$T$から$F$への写像．

**箱崎**　和とか定数倍の出来る集合は，線形空間になりやすいんですね．

**香椎**　その感覚を大切にしたい，ね．

# 6 公理の節約を試みる

線形空間における，減法の周辺を散策する．

先日の宿題から，始めよう．

## 差の導入

**箱崎** 逆元の一意性の証明ですね．

そのために，線形空間の定義を復習すると……

**六本松** $\boldsymbol{R}$ と $\boldsymbol{C}$ とを代表して，$F$で表す．

集合$V$が$F$上の線形空間というのは，二つの写像

（イ） $V\times V$ から$V$への写像，（ロ） $F\times V$ から$V$への写像

があって，（イ）の写像で $(\alpha, \beta)\in V\times V$ に対応する$V$の元を $\alpha\oplus\beta$，（ロ）の写像で $(c, \alpha)\in F\times V$ に対応する$V$の元を $c\circ\alpha$ で表すと，次の八つの性質が成り立つこと：

(i) $(\alpha\oplus\beta)\oplus\gamma=\alpha\oplus(\beta\oplus\gamma)$ $(\alpha, \beta, \gamma\in V)$,

(ii) $\alpha\oplus\beta=\beta\oplus\alpha$ $(\alpha, \beta\in V)$,

(iii) $V$の任意の元$\alpha$に対して，$\alpha\oplus\mathbf{0}=\alpha$ という，$V$の特定な元 $\mathbf{0}$ が存在する，

(iv) $V$の各元$\alpha$に対して，$\alpha\oplus\alpha'=\mathbf{0}$ という，$V$の元 $\alpha'$ が存在する，

(v) $(ab)\circ\alpha=a\circ(b\circ\alpha)$ $(a, b\in F, \alpha\in V)$,

(vi) $1\circ\alpha=\alpha$ $(\alpha\in V)$,

(vii) $a\circ(\alpha\oplus\beta)=(a\circ\alpha)\oplus(a\circ\beta)$ $(a\in F, \alpha, \beta\in V)$,

(viii) $(a+b)\circ\alpha=(a\circ\alpha)\oplus(b\circ\alpha)$ $(a, b\in F, \alpha\in V)$.

**箱崎** それで，$V$の元$\alpha$に対して，(iv)の性質を持つ$V$の元が $\alpha_1, \alpha_2$ と二つあると，つまり，

$$\alpha\oplus\alpha_1=\mathbf{0},\quad \alpha\oplus\alpha_2=\mathbf{0}$$

としますと，$\alpha\oplus\alpha_1$ と $\alpha\oplus\alpha_2$ は同じ元です．ですから，

$$\alpha\oplus\alpha_1=\alpha\oplus\alpha_2$$

で，この両辺から$\alpha$を引くと，

$$\alpha_1=\alpha_2$$

となって，(iv)の性質を持つ$V$の元は，一つダケです．

**六本松** マッた．——将棋で〈待った〉はイケナイけど——待った．

線形空間の定義では，〈引き算〉のことは一言もない．〈引き算〉は，まだ，出来ない．

〈$\alpha$を引く〉というのは，実数の性質と比べながら線形空間を考え出した楽屋裏から見ると，(iv)の性質を持つ元を足すことだ．だから，箱崎君の最後のところは，$\alpha_1$を足したり，$\alpha_2$を足したりしてみると，

$$\alpha\oplus\alpha_1=\mathbf{0} \quad \text{から} \quad (\alpha\oplus\alpha_1)\oplus\alpha_2=\mathbf{0}\oplus\alpha_2=\alpha_2,$$
$$\alpha\oplus\alpha_2=\mathbf{0} \quad \text{から} \quad (\alpha\oplus\alpha_2)\oplus\alpha_1=\mathbf{0}\oplus\alpha_1=\alpha_1,$$

となって，

$$\begin{aligned}(\alpha\oplus\alpha_1)\oplus\alpha_2&=\alpha\oplus(\alpha_1\oplus\alpha_2)\\&=\alpha\oplus(\alpha_2\oplus\alpha_1)=(\alpha\oplus\alpha_2)\oplus\alpha_1\end{aligned}$$

だから，

$$\alpha_1=\alpha_2.$$

結合法則·交換法則·零元の性質をゼンブ使う．

**香椎** $V$の各元$\alpha$に対して，(iv)の性質を持つ$\alpha'$は，それぞれ，ただ一つしか存在しない．

そこで，一意的に確定する$\alpha'$を，$-\alpha$で表し，$\alpha$の逆元とよんでいる：

$$\alpha\oplus(-\alpha)=\mathbf{0}.$$

**箱崎** それで，今度こそ，引き算が定義されるんですね．

$\alpha$から$\beta$を引くのは，$\alpha$に$-\beta$を足すこと，と．

**香椎** 実数の場合の，減法とは？

**六本松** $a-b$は，$b+\square=a$という$\square$の中の実数を求めること．

**香椎** このことから，$V$での減法は，$V$の任意の元$\alpha, \beta$に対して

$$\beta\oplus x=\alpha$$

という，$V$の元$x$を求めること，となるね．——このような$x$は，存在するかね？

**箱崎**
$$\begin{aligned}\beta\oplus[\alpha\oplus(-\beta)]&=\beta\oplus[(-\beta)\oplus\alpha]\\&=[\beta\oplus(-\beta)]\oplus\alpha=\mathbf{0}\oplus\alpha=\alpha\end{aligned}$$

ですから，たしかにアリます．

**香椎** ただ一つ，かね？

**六本松** 楽屋裏から見るとタダ一つで$\alpha$に$-\beta$を足したのだから—— $x_1, x_2$と二つあると，

$$\beta\oplus x_1=\beta\oplus x_2,$$

で，この等式の両辺に $-\beta$ を足すと，

$$\text{左辺}=\beta\oplus[x_1\oplus(-\beta)]=\beta\oplus[(-\beta)\oplus x_1]=[\beta\oplus(-\beta)]\oplus x_1=\mathbf{0}\oplus x_1=x_1,$$
$$\text{右辺}=\beta\oplus[x_2\oplus(-\beta)]=\beta\oplus[(-\beta)\oplus x_2]=[\beta\oplus(-\beta)]\oplus x_2=\mathbf{0}\oplus x_2=x_2,$$

だから，

$$x_1=x_2,$$

で，ただ一つ．

**箱崎**　〈等式の両辺に同じ元を足しても，等号は変わらない〉というのは，イイんですか？

**香椎**　一般に，$\gamma\oplus\delta$, $\gamma'\oplus\delta$ は，それぞれ，$(\gamma, \delta')$, $(\gamma', \delta)$ に写像(イ)によって対応する $V$ の元だったね．

$\gamma=\gamma'$ なら，二つの組 $(\gamma, \delta)$, $(\gamma', \delta)$ は $V\times V$ の元として同一で，写像(イ)によって $V\times V$ の元に対応する $V$ の元はタダ一つだから―― $(\gamma, \delta)$, $(\gamma', \delta)$ に対応する $V$ の元は同じだね．

**六本松**　つまり，

$$\gamma=\gamma' \quad \text{なら} \quad \gamma\oplus\delta=\gamma'\oplus\delta.$$

**香椎**　$\alpha\oplus(-\beta)$ は，$\alpha$ と $\beta$ との差とよばれ，$\alpha\ominus\beta$ で表すが――それは，

$$\beta\oplus x=\alpha$$

という，$\alpha$, $\beta$ に対して一意的に確定する $x$ を，$\alpha$ と $\beta$ との差とよび，$\alpha\ominus\beta$ で表わすのと，同値なことが分かつたね：

$$\alpha\ominus\beta=\alpha\oplus(-\beta).$$

線形空間を規定している性質を線形空間の公理というが，公理を選ぶときは，倹約を旨とする．

**箱崎**　(iii)と(iv)で，〈存在する〉とダケいって，スマシていたのが，ソウなんですね．

一本余分だ！

**六本松**　数学者はシブチン！

**香椎**　〈倹約〉という観点からすると，これまでの公理には，ムダがある．

## 公理の独立性

**香椎**　たとえば，交換法則(ii)は，残りの(i)・(iii)・(iv)・(vi)・(vii)・(viii)から，導けることが知られて

いる.

**箱崎**　どうして——ですか？

**香椎**　$\alpha, \beta$ が$V$の任意の元のとき,

$$(1+1)\circ(\alpha\oplus\beta)$$

を展開するのに, 二通りの仕方がある. ——初めに分配法則(vii)を適用するのと, 初めに分配法則(viii)を適用するのと……

**六本松**　初めに分配法則(vii)を使うと,

$$\begin{aligned}(1+1)\circ(\alpha\oplus\beta) &= [(1+1)\circ\alpha]\oplus[(1+1)\circ\beta] \\ &= [(1\circ\alpha)\oplus(1\circ\alpha)]\oplus[(1\circ\beta)\oplus(1\circ\beta)] \\ &= [\alpha\oplus\alpha]\oplus[\beta\oplus\beta].\end{aligned}$$

**香椎**　そこで, 結合法則(i)から,

$$(1+1)\circ(\alpha\oplus\beta)=\alpha\oplus(\alpha\oplus\beta)\oplus\beta$$

と, なるね.

**箱崎**　初めに分配法則(viii)を使いますと,

$$\begin{aligned}(1+1)\circ(\alpha\oplus\beta) &= [1\circ(\alpha\oplus\beta)]\oplus[1\circ(\alpha\oplus\beta)] \\ &= [\alpha\oplus\beta]\oplus[\alpha\oplus\beta]\end{aligned}$$

です.

**香椎**　そこで, 結合法則(i)から

$$(1+1)\circ(\alpha\oplus\beta)=\alpha\oplus(\beta\oplus\alpha)\oplus\beta$$

と, なるね.

**箱崎**　結局,

$$\alpha\oplus(\alpha\oplus\beta)\oplus\beta=\alpha\oplus(\beta\oplus\alpha)\oplus\beta$$

ですが……(iv)を使って, この等式の両辺に右から $\beta'$ を足すと,

$$\alpha\oplus(\alpha\oplus\beta)=\alpha\oplus(\beta\oplus\alpha)$$

で, この等式に左から $\alpha'$ を足すと,

$$\alpha\oplus\beta=\beta\oplus\alpha$$

ですね.

**六本松**　最後の計算では, 一般的に, $\langle\alpha\oplus\alpha'=\mathbf{0}$ なら $\alpha'\oplus\alpha=\mathbf{0}\rangle$ と, $\langle\alpha\oplus\mathbf{0}=\alpha$ なら $\mathbf{0}\oplus\alpha=\alpha\rangle$ を確かめないと, いけない. ——交換法則(ii)は使えない.

えーと……(iv)から, $\alpha'\oplus\alpha''=\mathbf{0}$ となる元 $\alpha''$ があるから, $\alpha''$ と $\alpha$ との関係が分かると, いい.

**箱崎**　三つの元 $\alpha, \alpha', \alpha''$ が現れましたね.

**六本松**　この三つの元の関係は……(i)から,

$$(\alpha\oplus\alpha')\oplus\alpha''=\alpha\oplus(\alpha'\oplus\alpha'')$$

だけど……

**箱崎**　左辺$=\mathbf{0}\oplus\alpha''$　で，　右辺$=\alpha\oplus\mathbf{0}=\alpha$

ですから，$\alpha$ と $\alpha''$ の間には，

$$\mathbf{0}\oplus\alpha''=\alpha$$

という関係がありますね．

**六本松**　それで，

$$\alpha'\oplus\alpha=\alpha'\oplus(\mathbf{0}\oplus\alpha'')=(\alpha'\oplus\mathbf{0})\oplus\alpha''=\alpha'\oplus\alpha''=\mathbf{0}.$$

**箱崎**　これから，二番目はスグ出ますね：

$$\mathbf{0}\oplus\alpha=(\alpha\oplus\alpha')\oplus\alpha=\alpha\oplus(\alpha'\oplus\alpha)=\alpha\oplus\mathbf{0}=\alpha.$$

**六本松**　結局，交換法則(ii)は節約できる．

**箱崎**　交換法則を取ってしまうと，もうムダはなくなりますか．

**香椎**　か，どうかは確認が必要だが，交換法則を取り去るのは忍びがたい．

**六本松**　実数の足し算では，基本的だから．

**香椎**　(iii)と(iv)とは，減法を保証するもの，だったね．

そこで，この二つの代わりに，減法の可能性を持ってくること，が考えられる．

## 独立な公理系

**香椎**　六本松君の集合$V$で，次の七つの性質が成り立つ，とする：

(i)　$(\alpha\oplus\beta)\oplus\gamma=\alpha\oplus(\beta\oplus\gamma)$　$(\alpha,\ \beta,\ \gamma\in V)$,

(ii)　$\alpha\oplus\beta=\beta\oplus\alpha$　$(\alpha,\ \beta\in V)$,

(ix)　$V$の任意の元 $\alpha,\ \beta$ に対して，$\beta\oplus x=\alpha$ という，$V$の元$x$が存在する，

(v)　$(ab)\circ\alpha=a\circ(b\circ\alpha)$　$(a,\ b\in F,\ \alpha\in V)$,

(vi)　$1\circ\alpha=\alpha$　$(\alpha\in V)$,

(vii)　$a\circ(\alpha\oplus\beta)=(a\circ\alpha)\oplus(a\circ\beta)$　$(a\in F,\ \alpha,\ \beta\in V)$,

(viii)　$(a+b)\circ\alpha=(a\circ\alpha)\oplus(b\circ\alpha)$　$(a,\ b\in F,\ \alpha\in V)$.

――このとき，さき程の八つの公理系と，この新しい七つの公理系とは，同値となることを，先ず，確かめておこう．

**箱崎**　さっきの八つの性質が導かれ，その逆もいえること，ですね．

**六本松**　違うのは，(iii)・(iv)・(ix)だけど，八つの性質から(ix)が出ることは，さっき証明した．

**箱崎**　(ix)から，$V$の一つの元$\alpha$に対して，

$$\alpha\oplus x_0=\alpha$$

という，$V$の元 $x_0$ はありますね．

**六本松**　この $x_0$ が，$V$の任意の元$\beta$に対して，

$$\beta \oplus x_0 = \beta$$

となるか，だけど……楽屋裏から見ると，箱崎君の等式で$\alpha$に何か足して$\beta$になると，いいから……分かった．

(ix)から，$\alpha$に対して，

$$\alpha \oplus x' = \beta$$

となる，$V$の元 $x'$ があるから，この $x'$ を箱崎君の等式の両辺に足すと，

$$\begin{aligned} 左辺 &= (\alpha \oplus x_0) \oplus x' = \alpha \oplus (x_0 \oplus x') \\ &= \alpha \oplus (x' \oplus x_0) \\ &= (\alpha \oplus x') \oplus x_0 = \beta \oplus x_0 \end{aligned}$$

だから，結局，

$$\beta \oplus x_0 = \beta.$$

**箱崎**　つまり，(iii)が成り立ち，それと(ix)から，(iv)は明らかですね．

**六本松**　線形空間を定義するには，さっきの八つの性質でも，新しい七つの性質でも，ドッチでもいい．

**箱崎**　新しい公理系には，ムダはないんですか？

**香椎**　ムダは，ない．すなわち，どの一つの公理も，残りの公理からは導かれない．

**箱崎**　それは，どうして分かりますか．

**香椎**　たとえば，〈(i)は残りの六つの公理からは導かれない〉とは〈残りの六つの公理が成立すれば(i)は成立する〉という命題を否定したものだね．それには……

**六本松**　それには，〈残りの六つの公理が成立すれば(i)は成立する〉の反例を示す．

つまり，残りの六つの公理は満足するけど，(i)は満足しない例を作る．

**箱崎**　一つ一つ，作りますか．

**香椎**　今からでは，大変だね．

僕が作った例を披露しておこう――以下の例で，$F$ は常に $\boldsymbol{C}$ としてある．例の項目数は，同じ項目数の公理の独立性を示している：

(i)　$V=\boldsymbol{C}$ で，

$$\alpha \oplus \beta = \frac{1}{2}(\alpha + \beta), \qquad c \circ \alpha = \alpha.$$

(ii)　$V=\boldsymbol{C}$ で，

$$\alpha \oplus \beta = \beta, \qquad c \circ \alpha = \alpha.$$

(ix)　$V=\boldsymbol{C}$ で，

$$\alpha \oplus \beta = \begin{cases} \alpha & (\alpha = \beta) \\ 0 & (\alpha \neq \beta) \end{cases}, \qquad c \circ \alpha = \alpha.$$

(v)　$V=\boldsymbol{C}$ で，

$$\alpha\oplus\beta=\alpha+\beta, \qquad c\circ\alpha=\frac{1}{2}(c+\bar{c})\alpha.$$

(vi)　$V=\boldsymbol{C}$ で，

$$\alpha\oplus\beta=\alpha+\beta, \qquad c\circ\alpha=0.$$

(vii)　$V=\{\alpha x+\beta x^3|\alpha,\ \beta\oplus\boldsymbol{C}\}$，すなわち，$V$ は文字 $x$ の複素係数3次式 $\alpha x+\beta x^3$ の集合で，

$$(f\oplus g)(x)=f(x)+g(x),\ (c\circ f)(x)=\begin{cases}(a+bi^{d(f)})f(x) & (f\neq 0)\\ 0 & (f=0).\end{cases}$$

ここで，$a$ は $c$ の実数部，$b$ は $c$ の虚数部，$i$ は虚数単位で，$d(f)$ は $f$ の次数.

(viii)　$V=\boldsymbol{C}$ で，

$$\alpha\oplus\beta=\alpha+\beta, \qquad c\circ\alpha=|c|\alpha.$$

**箱崎**　たとえば，例(i)は，公理(i)は成り立たないけど，残りの六つの公理は成り立つ，ものですね.

**六本松**　証明は……

**香椎**　練習問題とする.

**箱崎**　スグ分かるのも，ありますが……

**六本松**　ウルサイのも，ありそうだ.

**香椎**　線形空間を理解するには，もってこいの，問題だと，思うね.

**六本松**　艱難ユーを玉にする！

# 7 屋下に屋を架す

〈屋下に屋を架す〉と，いう．

線形空間の中の線形空間は，しかしながら，大変に有用である．

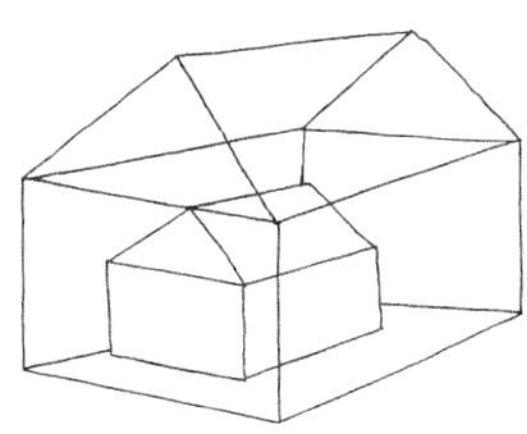

### フィボナッチ数列

**香椎**　イタリア人の数学者に，レオナルドという人がいるね．

**箱崎**　レオナルド・ダ・ヴィンチですか．

**香椎**　レオナルド・ダ・ピサ——この人は13世紀に活躍するが，ダ・ヴィンチは……

**六本松**　15世紀から16世紀．

**香椎**　13世紀のレオナルドの本に，こんな問題がある：ひとつがいの兎は毎月ひとつがいの兎を産み，生まれたばかりの兎はふた月めから子供を産む．ひとつがいの兎は一年間で何匹にふえるか？

**六本松**　1980年元旦に生まれた，ひとつがいの兎は一年間に何匹にふえるか——というと……

**箱崎**　1月は，ふえませんね．

**六本松**　2月も，そのまま．

**箱崎**　3月の終わりには，ふたつがい，になりますね．二か月たつと，子供を産みますから．

**六本松**　4月の終わりには，3つがい．初めのつがいから生まれた分だけ，ふえる．

**箱崎**　5月の終わりには，5つがい，になりますね．

ふた月まえ，つまり，3月のふたつがいから生まれた分だけ，ふえますから．

**六本松**　結局，3月から後の月では，その前の月の分に，その前の前の月の分だけふえるから，

$$1,\ 1,\ 2,\ 3,\ 5,\ 8,\ 13,\ 21,\ 34,\ 55,\ 89,\ 144,\ \cdots$$

で，12月の終わりには，144つがい．

**香椎**　この数列の第 $n$ 項を $a_n$ と書くと？

**六本松**　$a_1=1,\quad a_2=1,\quad a_n=a_{n-1}+a_{n-2}\quad (n\geqq 3).$

**香椎**　これは，レオナルドに因んで，フィボナッチ数列とよばれるものの一つだ．

**箱崎**　レオナルド数列とは，いわないんですか．

**香椎**　レオナルドはボナッチの息子で，息子のことをイタリア語で，フィグリオという…

**六本松**　だから，フィボナッチ．

**箱崎**　等差数列や等比数列のように，$a_n$ を求める公式は，ないんですか．

**香椎**　ある．

**箱崎**　どんな風に，求めるんですか？

**香椎**　考え方は，いろいろあるが，第3項以降が

$$s_n=s_{n-1}+s_{n-2}\quad (n\geqq 3)$$

という関係で定まる実数列 $\{s_n\}$ 全体の集合を利用するのが，エレガントだね．

**六本松**　こんな数列は，初項と第2項がきまると，完全にきまる．

初項も第2項も1なのが，さっきの数列．

**香椎**　実数列全体の集合は，数列の和と，実数と数列の積とに関して，実線形空間だったね．

問題の集合は，それと同じ和と積とに関して，実線形空間となる．このことを利用する．──問題の集合は，実数列全体の集合の部分集合でも，ある．こんな関係の線形空間は……

**六本松**　いままでに，いくつも，ある．

**箱崎**　収束する実数列全体の集合は，実数列全体の実線形空間の部分集合で，それと同じ和と積に関して実線形空間でしたね．

**六本松**　実数を係数に持つ，連立1次方程式

$$a_{k1}x_1+a_{k2}x_2+\cdots+a_{kn}x_n=0\quad (k=1, 2, \cdots, m)$$

の実数解の全体 $M_3$ は，$n$ 項の実ベクトル空間 $\boldsymbol{R}^n$ の部分集合で，$\boldsymbol{R}^n$ と同じ和と積に関して実線形空間．

**香椎**　こんな現象は，よく見られる．そこで，名前が付いている．

## 部分空間

**香椎**　$V$ を $F$ 上の線形空間とする．

$W$が，$V$の空でない部分集合で，$V$と同じ和と積とに関して$F$上の線形空間のとき，$W$は$V$の部分空間と，よばれる．

**箱崎**　$\boldsymbol{C}$ はフツウの和と積に関して線形空間でした．$\boldsymbol{R}$ は $\boldsymbol{C}$ の空でない部分集合で，$\boldsymbol{R}$ もフツウの和と積に関して線形空間ですから，$\boldsymbol{R}$ は $\boldsymbol{C}$ の部分空間ですね．

**香椎**　ソウとは，必ずしも，いえない．

〈$\boldsymbol{C}$ はフツウの和と積に関して線形空間〉が，複素数同士の通常の和と積とに関して，という意味なら，$\boldsymbol{C}$ は $\boldsymbol{C}$ 上の線形空間だね．これと同じ和と積とに関して……

**六本松**　$\boldsymbol{R}$ は $\boldsymbol{C}$ 上の線形空間では，ナイ．——前に，調べた．

**香椎**　だから，この意味では，$\boldsymbol{R}$ は $\boldsymbol{C}$ の部分空間ではない．

一般に，$W$が$V$の部分空間というとき，$W$も$V$も〈同じ〉$F$上の線形空間でないと，いけない．

**六本松**　箱崎君の意味が先生のと同じなら，$\boldsymbol{C}$ は $\boldsymbol{C}$ 上の線形空間で，$\boldsymbol{R}$ は $\boldsymbol{R}$ 上の線形空間．

複素数同士のフツウの和と，実数と複素数のフツウの積に関して，$\boldsymbol{C}$ は $\boldsymbol{R}$上の線形空間だから——この意味なら，$\boldsymbol{R}$ は $\boldsymbol{C}$ の部分空間．$\boldsymbol{C}$ も $\boldsymbol{R}$ も，同じ $\boldsymbol{R}$ 上の線形空間だから．

$F$次第で，部分空間になったり，ならなかったり，する．$F$サンに，ご注意！

**箱崎**　そうすると，いまの意味で $\boldsymbol{R}$ は $\boldsymbol{R}$ 上の線形空間で，正の実数全体の集合 $\boldsymbol{R}^+$は前に調べたように $\boldsymbol{R}$ 上の線形空間でしたから，$\boldsymbol{R}^+$ は $\boldsymbol{R}$ の部分空間ですか．

**香椎**　部分空間では，ない．

**六本松**　今度は，$F$は同じでも，和と積が違う．——$\boldsymbol{R}^+$ の和はフツウの積で，$\boldsymbol{R}^+$ の積はフツウの累乗．

**箱崎**　コンガラがって，きました．

**香椎**　キチンと定式化しよう．——$V$が$F$上の線形空間とは？

**箱崎**　二つの写像

（イ）　$V\times V$ から $V$ への写像，　（ロ）　$F\times V$ から $V$ への写像

があって，（イ）の写像で $(\alpha, \beta)\in V\times V$ に対応する$V$の元を $\alpha\oplus\beta$，（ロ）の写像で $(c, \alpha)\in F\times V$ に対応する$V$の元を $c\circ\alpha$ で表すと，次の八つの性質が成り立つ，ことです：

(i)　$(\alpha\oplus\beta)\oplus\gamma=\alpha\oplus(\beta\oplus\gamma)$　　$(\alpha, \beta, \gamma\in V)$，

(ii)　$\alpha\oplus\beta=\beta\oplus\alpha$　　$(\alpha, \beta\in V)$，

(iii)　$V$の任意の元$\alpha$に対して，$\alpha\oplus\mathbf{0}=\alpha$ という，$V$の特定な元$\mathbf{0}$が存在する，

(iv)　$V$の各元$\alpha$に対して，$\alpha\oplus\alpha'=\mathbf{0}$ という，$V$の元 $\alpha'$ が存在する，

(v)　$(ab)\circ\alpha=a\circ(b\circ\alpha)$　　$(a, b\in F,\ \alpha\in F)$，

(vi)　$1\circ\alpha=\alpha$　　$(\alpha\in V)$，

(vii)　$a\circ(\alpha\oplus\beta)=(a\circ\alpha)\oplus(a\circ\beta)$　　$(a\in F,\ \ \alpha, \beta\in V)$，

(viii)　$(a+b)\circ\alpha=(a\circ\alpha)\oplus(b\circ\alpha)$　　$(a, b\in F,\ \ \alpha\in V)$．

**六本松**　独立な公理系のも，ある．

**香椎**　この公理系でも，いいだろう．

$V$の空でない部分集合$W$が，$V$の部分空間とは——写像（イ）の定義域を $W\times W$ に制限した

$$(\alpha,\beta)\longmapsto\alpha\oplus\beta\qquad(\alpha,\beta\in W)$$

が，$W\times W$ から$W$への写像となり，写像（ロ）の定義域を $F\times W$ に制限した

$$(c,\alpha)\longmapsto c\circ\alpha\qquad(c\in F,\ \alpha\in W)$$

が，$F\times W$ から$W$への写像となって，$W$が，この 和・積 に関して，線形空間となること——だ．

**六本松**　つまり，次の八つの性質が成り立つ，こと：

(i)　$(\alpha\oplus\beta)\oplus\gamma=\alpha\oplus(\beta\oplus\gamma)\qquad(\alpha,\beta,\gamma\in W)$,

(ii)　$\alpha\oplus\beta=\beta\oplus\alpha\qquad(\alpha,\beta\in W)$,

(iii)　$W$の任意の元$\alpha$に対して，$\alpha\oplus\mathbf{0}=\alpha$ という，$W$の特定な元$\mathbf{0}$が存在する，

(iv)　$W$の各元$\alpha$に対して，$\alpha\oplus\alpha'=\mathbf{0}$ という，$W$の元$\alpha'$が存在する，

(v)　$(ab)\circ\alpha=a\circ(b\circ\alpha)\qquad(a,b\in F,\quad\alpha\in W)$,

(vi)　$1\circ\alpha=\alpha\qquad(\alpha\in W)$,

(vii)　$a\circ(\alpha\oplus\beta)=(a\circ\alpha)\oplus(a\circ\beta)\qquad(a\in F,\quad\alpha,\beta\in W)$,

(viii)　$(a+b)\circ\alpha=(a\circ\alpha)\oplus(b\circ\alpha)\qquad(a,b\in F,\quad\alpha\in W)$.

**箱崎**　$W$での 和・積 は，$V$での 和・積 の定義域を制限したダケで，対応の仕方は同じなので，このことを〈同じ和と積に関して〉と，いったんですね．

それから，具体的な線形空間では，$F$は，$\boldsymbol{R}$ か $\boldsymbol{C}$ のドッチか一方に決まっていて，$V$が $\boldsymbol{R}$ 上の線形空間なら，$V$ の積の定義域は $\boldsymbol{R}\times V$, $W$ の積の定義域は $\boldsymbol{R}\times W$ で，$W$は $\boldsymbol{R}$ 上の線形空間なわけですね．$V$が $\boldsymbol{C}$ 上の線形空間なら，$W$ も$\boldsymbol{C}$ 上の線形空間なわけで，このことを〈同じ$F$上〉のと，いったんですね．

**六本松**　$V$の空でない部分集合$W$が，$V$の部分空間になるには，$V$の和 $\oplus$ と積 $\circ$ について，

$$(1)\quad\alpha,\beta\in W\ \text{なら}\ \alpha\oplus\beta\in W,\qquad(2)\quad c\in F,\ \alpha\in W\ \text{なら}\ c\circ\alpha\in W$$

でないとイケナイ．二つの写像

$$(\alpha,\beta)\longmapsto\alpha\oplus\beta\quad(\alpha,\beta\in W),\qquad(c,\alpha)\longmapsto c\circ\alpha\quad(c\in F,\ \alpha\in W)$$

が，それぞれ，$W\times W$ から$W$への写像，$F\times W$ から$W$への写像でないとイケナイから．

**箱崎**　そのとき，$W$についての八つの性質は，$V$についての八つの性質から，自動的に，成り立ちますね．

**香椎**　そう速断できるかね．

**六本松**　$W$ についての (i) と (ii) と (v)〜(viii) はダイジョウブ．

$W$ の元はトウゼン $V$ の元で，$V$ では，それらは成り立ってる，から．でも，(iii) と (iv) は……

**箱崎**　$V$ の零元は，$W$ についての (iii) を満足するし，$\alpha$ の逆元は，$W$ についての (iv) を満足するでしょう．

**六本松**　でも，$V$ の零元 $\mathbf{0}$ が $W$ に属してるか，$W$ の元 $\alpha$ を $V$ の元と考えたときの $\alpha$ の逆元 $-\alpha$ が $W$ に属してるか――を確かめる必要あり！

**箱崎**　結局，(1) と (2) が成り立つとき，$W$ の元 $\alpha$ を $V$ の元と考えたときの $\alpha$ の逆元 $-\alpha$ が $W$ に属してるのか――が問題ですね．

もしソウなら，$\alpha \in W$ のとき $-\alpha \in W$ ですから，(1) から，$\alpha \oplus (-\alpha)$，つまり，$V$ の零元 $\mathbf{0}$ が $W$ に属しますし，$W$ についての (iii) を満足する特定な元は，タダ一つしか，ないんですから．

## 零元と逆元の性質

**香椎**　線形空間の八つの公理は，実数の 和・積 の性質から，帰納したね．と，すると？

**箱崎**　$-\alpha$ に相当する，$a$ が実数のときの，$-a$ の性質を思い出すんですね．

**六本松**　えーと，今の問題に関係のある性質というと……，$-a=(-1)a$ だ．

$-\alpha$ が $(-1)\circ\alpha$ と同じなら，$\alpha$ が $W$ に属するとき，(2) から，$-\alpha$ も $W$ に属する．

**箱崎**　$-\alpha=(-1)\circ\alpha$ の証明ですが……

**香椎**　逆元の定義に返ると？

**六本松**
$$\alpha \oplus [(-1)\circ\alpha]=\mathbf{0}$$
を示す．

**香椎**　この左辺を，(vi) と (viii) を使って，変形すると？

**箱崎**
$$\begin{aligned}\alpha \oplus [(-1)\circ\alpha] &= [1\circ\alpha]\oplus[(-1)\circ\alpha]\\ &= [1+(-1)]\circ\alpha = 0\circ\alpha\end{aligned}$$
ですから，結局，
$$0\circ\alpha=\mathbf{0}$$
を証明することに，なります．

**六本松**　これは，零元の定義に返ると，
$$\alpha \oplus (0\circ\alpha)=\alpha$$
を示すことになるけど，左辺を，いまの要領で変形すると，
$$\begin{aligned}\alpha \oplus (0\circ\alpha) &= (1\circ\alpha)\oplus(0\circ\alpha)\\ &= (1+0)\circ\alpha = 1\circ\alpha = \alpha\end{aligned}$$

で，正しい！

**箱崎**　結局，

$$-\alpha=(-1)\circ\alpha \qquad (\alpha\in V)$$

が成り立って，$W$ の元 $\alpha$ の逆元 $-\alpha$ は $W$ に属しますね．

**六本松**

$$0\circ\alpha=\mathbf{0} \qquad (\alpha\in V)$$

と (2) とから，$V$ の零元 $\mathbf{0}$ は $W$ に属することが，直接に，分かる．

**香椎**　$\boldsymbol{R}$ は通常の 和･積 に関して実線形空間だから，この結果は，実数 $a$ の符号を変えることは $a$ に $-1$ を掛けること，零と任意の実数との積は零であること，が八つの公理から導かれることも示しているね．

**六本松**　零との積は零と，天下り式に，小学校では教わった．

**箱崎**　同じ証明法で

**六本松**

$$c\circ\mathbf{0}=\mathbf{0} \qquad (c\in F)$$

も，分かりますね．

**香椎**　さらに，$c\in F,\ \alpha\in V$ のとき，

$$-(-\alpha)=\alpha,\quad (-c)\circ\alpha=-(c\circ\alpha)=c\circ(-\alpha),\quad (-c)\circ(-\alpha)=c\circ\alpha$$

が示される．

この結果を，実線形空間 $\boldsymbol{R}$ で解釈すると？

**六本松**　正の数と負の数の掛け算の法則！　$c$ とか $\alpha$ とかが正の実数の場合から

**箱崎**　それも，八つの公理から，自動的に，ソウなるんですね．

**香椎**　$\alpha,\beta\in V$ のとき，

$$(-\alpha)\oplus(-\beta)=-(\alpha\oplus\beta),\quad \alpha\ominus(-\beta)=\alpha\oplus\beta$$

も示される．

この結果は，実線形空間 $\boldsymbol{R}$ で解釈すると……

**六本松**　正の数と負の数の 足し算･引き算 の法則！

## 部分空間の判定

**香椎**　もとの問題へ返ると？

**箱崎**　$V$ が $F$ 上の線形空間で，$W$ が $V$ の空でない部分集合のとき，$W$ が $V$ の部分空間になるための必要十分条件は，$V$ の和 $\oplus$ と積 $\circ$ について，

$$(1)\quad \alpha,\beta\in W \text{ なら } \alpha\oplus\beta\in W, \qquad (2)\quad c\in F,\ \alpha\in W \text{ なら } c\circ\alpha\in W$$

が成り立つこと――が，分かりました．

**香椎**　第 3 項以降が，

$$s_n=s_{n-1}+s_{n-2} \qquad (n\geqq 3)$$

という性質を持つ実数列 $\{s_n\}$ 全体の集合 $W$ は，実数列全体の集合 $S$ の部分空間となること，を確かめよう．

**六本松** $\{s_n\}, \{t_n\} \in W$ なら，

$$s_n = s_{n-1} + s_{n-2}, \quad t_n = t_{n-1} + t_{n-2} \qquad (n \geqq 3)$$

だから，

$$s_n + t_n = (s_{n-1} + t_{n-1}) + (s_{n-2} + t_{n-2}) \qquad (n \geqq 3)$$

で，$\{s_n + t_n\} \in W$，つまり，$\{s_n\} + \{t_n\} \in W$．

**箱崎** $c \in \boldsymbol{R}$，$\{s_n\} \in W$ のとき，

$$s_n = s_{n-1} + s_{n-2} \qquad (n \geqq 3)$$

から，

$$cs_n = cs_{n-1} + cs_{n-2} \qquad (n \geqq 3)$$

ですから，$\{cs_n\} \in W$，つまり，$c\{s_n\} \in W$ となって，$W$ は $S$ の部分空間です．

**六本松** 二つの条件 (1) と (2) は，独立？

**香椎** それは，鋭い質問だね．

**六本松** えーと……，(1) は成り立つけど，(2) は成り立たない例は，ある．

$V$ が実線形空間 $\boldsymbol{R}$ で，$W$ が偶数全体の集合のとき，偶数と偶数との和は偶数だから (1) は成り立つ．

**箱崎** 勝手な実数と偶数との積は，偶数とは限りませんから，(2) は成り立ちませんね．

**六本松** (1) が成り立たないで，(2) が成り立つ例は……

**香椎** $V$ として，実数列全体の実線形空間 $S$ をとる．

$W$ として，数列 $\{0\}$ と，収束しない実数列全体との集合を，とると？

**六本松** (1) は成り立たない．

$\left\{n + \dfrac{1}{2^n}\right\}$ は $+\infty$ に発散して，$\left\{-n + \dfrac{1}{2^n}\right\}$ は $-\infty$ に発散するから，二つとも $W$ の元だけど，この二つの和は $\left\{\dfrac{1}{2^{n-1}}\right\}$ で $0$ に収束する．

**箱崎** (2) は成り立ちますね．

$\{s_n\} \in W$ とします．$\{s_n\} = \{0\}$ なら，$c\{s_n\} = \{0\}$ で，これは $W$ に属します．

**六本松** $\{s_n\} \neq \{0\}$ なら，$\{s_n\}$ は収束しない．

$c$ が $0$ なら，$c\{s_n\} = \{0\}$ で，$W$ に属する．

$c$ が $0$ でないなら，$c\{s_n\} = \{cs_n\}$ は収束しないから，$W$ に属する．――もし，$\{cs_n\}$ が収束すると，$\dfrac{1}{c}$ と $\{cs_n\}$ との積 $\{s_n\}$ が収束することになる，から．

**箱崎** レオナルドの問題で，$a_n$ を求める公式は，どうなりますか？

**香椎** あわてナイ，あわてナイ！

# 8 演算子法を駆使する

線形代数の対象は確立した．今日からは，線形代数の方法を探ろう．

三つの背景での，それぞれの方法を考察し，それらに共通な性質を抽き出そう．

## 微分方程式の場合

**箱崎**　〈方法〉て，どういう意味ですか？

**香椎**　微積分の対象は関数だね．その関数の性質を調べるには……

**箱崎**　微分したり，積分したりします．

**六本松**　だから，微積分の方法は 微分・積分——読んで字の如し！

**香椎**　三つの背景の一つ，微分方程式をめぐる問題では，三つの基本的課題があったね．

**六本松**　解の存在の 判定・解 の一意性の 判定・解 の具体的表示．

**箱崎**　微分方程式は

$$\frac{d^n y}{dx^n}+p_1(x)\frac{d^{n-1}y}{dx^{n-1}}+\cdots+p_{n-1}(x)\frac{dy}{dx}+p_n(x)y=q(x)$$

という型です．

$p_1, \cdots, p_{n-1}, p_n$ と $q$ は，区間 $I$ で連続な実数値関数で，解も区間 $I$ で定義される実数値関数を考えました．

**六本松**　$p_1, \cdots, p_{n-1}, p_n$ や $q$ が区間 $I$ で連続な実変数の複素数値関数で，解が区間 $I$ で定義される実変数の複素数値関数の場合も．

**箱崎**　歴史的には第三の課題が最初に問題になる，ということで，その話の途中から，線形代数の対象つまり線形空間の概念が導入されましたね．

**六本松**　ババ抜き，〈存在〉ヌキ，〈一意性〉ヌキ．

**香椎**　解の存在と一意性については，次の結果がある．箱崎君のケースだとコウなる：

区間$I$に属する一つの点$a$と，$n$個の実数 $b_0, b_1, \cdots, b_{n-1}$ とを取る．このとき，初期条件

$$y(a)=b_0,\quad y'(a)=b_1,\ \cdots,\ y^{(n-1)}(a)=b_{n-1}$$

を満足する解が，ただ一つ，存在する．

**箱崎**　点$a$は，区間$I$に属してるのなら，ドレでもいいんですね．

**六本松**　$b_0, b_1, \cdots, b_{n-1}$ も，実数なら，ナンでもいい．

**箱崎**　そして，$n+1$個の実数 $a, b_0, b_1, \cdots, b_{n-1}$ を決めると，この実数の組のそれぞれに対して，問題の初期条件を満足する解が，ただ一つずつ，存在する――という意味ですね．

**香椎**　六本松君のケースだと……

**六本松**　$b_0, b_1, \cdots, b_{n-1}$ が複素数．

**香椎**　箱崎君のケースも，六本松君のケースも，平行して成立するので，とくに断らない限り，箱崎君のケースで話を進めよう．

この結果は初期条件を与えてのものだが，そうでない最初の課題で，初めの二つに対する解答は？

**箱崎**　解は何時でもあります．それも無数にありますね．

**六本松**　$n+1$個の実数 $a, b_0, b_1, \cdots, b_{n-1}$ を一組きめると，それに対する初期条件を満足する解が必ず一つ存在するから，解は何時でもアル．

**箱崎**　$a, b_1, \cdots, b_{n-1}$ の値は変えないで，$b_0$ の値を勝手な実数に変えると，無数の組が出来て，それぞれの組に対して解がありますから，問題の微分方程式の解は無数にあります．

**六本松**　同じ点$a$での解の値 $b_0$ が互いに違うから，同じ解は出てこない．

**香椎**　第三の課題へ返ろう．

**箱崎**　この結果は，証明しないんですか．

**香椎**　証明は，線形代数の構図とは，直接には関係しない．

## 特　別　解

**香椎**　問題の微分方程式を解くために，その解の性質を調べたね．――それによると？

**箱崎**　問題の微分方程式の解法は，

(1)　その一つの解を求めること，

(2)　右辺の$q$を，$I$で恒等的に零な関数で置き換えた微分方程式

$$\frac{d^n y}{dx^n}+p_1(x)\frac{d^{n-1}y}{dx^{n-1}}+\cdots+p_{n-1}(x)\frac{dy}{dx}+p_n(x)y=0$$

の，すべての解を求めること――の二つに帰着されます．

**六本松**　問題の微分方程式の解は，(1)の解と(2)の解の和．

**香椎** (1) の解は，問題の微分方程式の特別解とか特殊解とか，よばれている．
特別解の求め方から，始めよう．

**箱崎** ウマイ方法があるんですか．

**香椎** $p_1, \cdots, p_n$ や $q$ がドンナ関数の場合でも適用できるという，そんなウマイ方法は，ない．

**六本松** 方程式サマは甘くない！

**香椎** $p_1, \cdots, p_n$ が定数値関数の場合には，ある．

**箱崎** $a_1, \cdots, a_n$ が実数で，

$$\frac{d^ny}{dx^n}+a_1\frac{d^{n-1}y}{dx^{n-1}}+\cdots+a_{n-1}\frac{dy}{dx}+a_ny=q(x)$$

という型ですね．

**香椎** いろんな方法が工夫されている．その一つに，微分演算子法というのがある．
微分や積分の計算を記号化して代数的に行い，問題の方程式の解法を簡単化しよう，とするズルイものだ．

**六本松** ズルイことは，イイことだ！

## 微分演算子（一）

**香椎** 関数 $y$ の導関数は，通常は，$\dfrac{dy}{dx}$ とか $y'$ とか書くね．
微分演算子法では，記号 $D$ を使って，$Dy$ と書く．

**箱崎** たとえば，

$$Dx^2=2x, \qquad De^x=e^x, \qquad D\sin x=\cos x$$

ですね．

**六本松** ドーはドーナツのドー，$D$ は differential の $D$？

**香椎** その通り――第 $n$ 次導関数は $D^ny$ と書く．

**箱崎** たとえば，

$$D^2x^2=2, \qquad D^3e^x=e^x, \qquad D^4\sin x=\sin x$$

ですね．

**香椎** 微分方程式

$$\frac{d^ny}{dx^n}+a_1\frac{d^{n-1}y}{dx^{n-1}}+\cdots+a_{n-1}\frac{dy}{dx}+a_ny=q(x)$$

を，$D$ を使って書くと？

**箱崎**

$$D^ny+a_1D^{n-1}y+\cdots+a_{n-1}Dy+a_ny=q(x)$$

です．

**香椎** 左辺で $y$ は共通なので，これを

$$(D^n+a_1D^{n-1}+\cdots+a_{n-1}D+a_n)y=q(x)$$

と略記する. ——このアイデアは自然だね.

**六本松** 左辺は, $D^n+a_1D^{n-1}+\cdots+a_{n-1}D+a_n$ と $y$ の積, といった感じ.

**香椎** その見方が, 微分演算子法の決め手となる. 一般に, $D$の実係数の形式的多項式

$$f(D)=a_0D^n+a_1D^{n-1}+\cdots+a_{n-1}D+a_n$$

を導入する.

**箱崎** 〈形式的〉というのは——$D$は実数を代表する文字ではないので, $f(D)$ は$D$の多項式ではないけど, 形の上では$D$の多項式と考えよう——という意味ですね.

**六本松** $f(D)$ のモトモトの意味は, $f(D)y$ で関数

$$a_0\frac{d^ny}{dx^n}+a_1\frac{d^{n-1}y}{dx^{n-1}}+\cdots+a_{n-1}\frac{dy}{dx}+a_ny$$

を表す, こと.

**香椎** この $f(D)$ は, 微分演算子とか微分作用素とか, よばれている.

$a$が実数のとき, $f(D)e^{ax}$ は?

**箱崎** $D^ke^{ax}=a^ke^{ax}$ ですから,

$$\begin{aligned}f(D)e^{ax}&=a_0a^ne^{ax}+a_1a^{n-1}e^{ax}+\cdots+a_{n-1}ae^{ax}+a_ne^{ax}\\&=(a_0a^n+a_1a^{n-1}+\cdots+a_{n-1}a+a_n)e^{ax}\end{aligned}$$

です.

**香椎** $e^{ax}$ の係数は, $f(a)$ と書けるね. すると……

**六本松**

$$f(D)e^{ax}=f(a)e^{ax}.$$

**香椎** $a, b$ が実数のとき, $f(D^2)\sin(ax+b)$ は?

**箱崎** $f(D^2)$ は $D$ の偶数次の項だけの多項式で, $D^2\sin(ax+b)=-a^2\sin(ax+b)$ から

$$D^{2k}\sin(ax+b)=(-a^2)^k\sin(ax+b)$$

ですから,

$$\begin{aligned}f(D^2)\sin(ax+b)&=a_0(-a^2)^n\sin(ax+b)+a_1(-a^2)^{n-1}\sin(ax+b)+\cdots\\&\qquad\cdots+a_{n-1}(-a^2)\sin(ax+b)+a_n\sin(ax+b)\\&=[a_0(-a^2)^n+a_1(-a^2)^{n-1}+\cdots+a_{n-1}(-a^2)+a_n]\sin(ax+b)\end{aligned}$$

となって, さっきの書き方ですと, 結局,

$$f(D^2)\sin(ax+b)=f(-a^2)\sin(ax+b)$$

です.

**六本松** 微分演算子を使うと, 簡単にキレイに書けて, 便利.

**香椎** 便利なのは, これだけではない.

## 微分演算子（二）

**香椎**　二つの微分演算子

$$3D^2-2D+1 \qquad と \qquad D^2+3D-2$$

とに対して，

$$(3D^2-2D+1)y+(D^2+3D-2)y$$

を計算すると？

$3D^2-2D+1$ は $3D^2+(-2)D+1$ を，$D^2+3D-2$ は $D^2+3D+(-2)$ を略したものだ．

**箱崎**

$$(3D^2-2D+1)y+(D^2+3D-2)y$$
$$=(3y''-2y'+y)+(y''+3y'-2y)=4y''+y'-y$$

です．

**香椎**　最後の式を，$D$を使って，書くと？

**六本松**

$$(3D^2-2D+1)y+(D^2+3D-2)y=(4D^2+D-1)y$$

で……，$4D^2+D-1$ は，$3D^2-2D+1$ と $D^2+3D-2$ の和！

**香椎**　一般に，二つの微分演算子 $f(D)$ と $g(D)$ とに対して，それらの形式的な和，すなわち，$D$ の多項式と考えたときの和——$f(D)+g(D)$ を導入すると，同様な計算で

$$f(D)y+g(D)y=(f(D)+g(D))y$$

が成り立つことが分るね．

**箱崎**　左辺の「＋」は関数の和で，右辺の「＋」は微分演算子の形式的な和ですね．

**六本松**　$f(D)y$ を $f(D)$ と $y$ の積と考えると，これは分配法則！

**香椎**　この等式から，$(f(D)+g(D))y$ で関数 $f(D)y+g(D)y$ を表す微分演算子 $f(D)+g(D)$ が定義される．これは，$f(D)$ と $g(D)$ との和，とよばれている．

**六本松**　差も定義できる．

$(f(D)-g(D))y$で関数 $f(D)y-g(D)y$ を表す，微分演算子 $f(D)-g(D)$．

**箱崎**　一般的に，形式的な差 $f(D)-g(D)$ を導入すると，

$$(f(D)-g(D))y=(f(D)-g(D))y$$

が成り立ちますからね．

微分方程式を代数的に解く
——それが微分演算子法だ

**六本松**　積は？

**香椎**　二つの演算子 $D+3$ と $D-1$ とに対して，

$$(D-3)[(D-1)y]$$

を計算すると？

**箱崎**
$$(D-3)[(D-1)y]=(D-3)[y'-y]=(y''-y')-3(y'-y)$$
$$=y''-4y'+y=(D^2-4D+1)y$$

で，$D^2-4D+1$ は，$D-3$ と $D-1$ の積ですね．

**香椎**　一般に，二つの微分演算子 $f(D)$ と $g(D)$ とに対して，それらの形式的な積 $f(D)g(D)$ を導入すると，

$$f(D)[g(D)y]=[f(D)g(D)]y$$

が成り立つ．

**六本松**　だから，$[f(D)g(D)]y$ で関数 $f(D)[g(D)]y$ を表す，微分演算子 $f(D)g(D)$ が定義できる．これが，積．

**箱崎**　ダンダン代数的になってきましたね．

**六本松**　和・差・積 ときたから，今度は，商．

## 特別解の求め方

**香椎**　微分方程式

$$f(D)y=q(x)$$

の特別解を

$$\frac{1}{f(D)}q(x)$$

と書く．

**六本松**　これが，商――微分方程式の左辺を $f(D)$ と $y$ の積と考えると，この書き方は自然！

**香椎**　たとえば，$a$ が実数のとき，

$$\frac{1}{D-a}q(x)=e^{ax}\int e^{-ax}q(x)dx$$

となる．

**箱崎**　$q$ が区間 $I$ で連続なら，左辺の積分が $I$ で存在して，

$$(D-a)\left[e^{ax}\int e^{-ax}q(x)dx\right]=\left(e^{ax}\int e^{-ax}q(x)dx\right)'-ae^{ax}\int e^{-ax}dx$$
$$=ae^{ax}\int e^{-ax}q(x)dx+e^{ax}(e^{-ax}q(x))-ae^{ax}\int e^{-ax}dx=q(x)$$

ですから，微分方程式 $(D-a)y=q(x)$ の解の一つですね．

**香椎**　$a$ が実数，$b$ が零でない実数のとき，

$$\frac{1}{(D-a)^2+b^2}q(x)=\frac{1}{b}e^{ax}\left[\sin bx\int e^{-ax}q(x)\cos bxdx-\cos bx\int e^{-ax}q(x)\sin bxdx\right]$$

となる．

**六本松** これも計算すると，スグに確かめられる．

**箱崎** どうして気がついたんですか？

**香椎** 第一の結果は，昔からの知識を援用している．

**六本松** ナーンダ！

**香椎** 第一の結果と，二つの微分演算子 $f(D)$ と $g(D)$ とに対する関係式

$$\left(\frac{1}{f(D)}\pm\frac{1}{g(D)}\right)q(x)=\frac{1}{f(D)}q(x)\pm\frac{1}{g(D)}q(x),$$

$$\frac{1}{f(D)g(D)}q(x)=\frac{1}{f(D)}\left[\frac{1}{g(D)}q(x)\right]$$

とから，一般な $f(D)$ に対して，$\dfrac{1}{f(D)}q(x)$ を求めることが出来る．

この関係式の左辺の 和·差·積 は，勿論，$D$の分数式と考えての，形式的な 和·差·積 だ．

**箱崎** この関係式は，さっきの微分演算子の 和·差·積 の性質から，確かめられそうですが，どんな風に使うんですか？

**香椎** $\dfrac{1}{f(D)}$ を $D$ の部分分数に分解する．そして，関係式を利用して，第一の結果を繰り返し適用する．——だが詳しいことは割愛しよう．

**六本松** 第一の結果を繰り返し使うということは，何回も積分を繰り返すことだから，微分演算子法とやらは，センデンほど便利ではない．

**香椎** 微分演算子法の真価はソコにはない．

有用なのは，$q(x)$ が応用上よく現れる関数——多項式·指数関数·正弦関数·余弦関数やそれらの組み合わせで表される関数——の場合には，簡便法を提供するからなのだ．

**六本松** たとえば？

**香椎** 指数関数の場合には，$f(a)\neq 0$ のとき，

$$\frac{1}{f(D)}e^{ax}=\frac{e^{ax}}{f(a)}$$

と計算できる．

**箱崎** $f(D)$ の$D$を$a$に置き換えるんですね．

**六本松** さっき出した，

$$f(D)e^{ax}=f(a)e^{ax}$$

から正しいことは分かるけど，$f(a)=0$ のときは？

**香椎** $f(a)=0$ とは，$f(D)$ が $D-a$ で割り切れることだね．

$f(D)$ を $D-a$ で可能な限り割ったものを

$$f(D)=(D-a)^m g(D),\quad ただし，g(a)\neq 0$$

としよう．このとき，

$$\frac{1}{f(D)}e^{ax}=\frac{x^m e^{ax}}{m!g(a)}$$

と計算できる．

**箱崎**　さっきの関係式と結果を使うと，

$$\frac{1}{f(D)}e^{ax}=\frac{1}{(D-a)^m}\left[\frac{1}{g(D)}e^{ax}\right]=\frac{1}{(D-a)^m}\frac{e^{ax}}{g(a)}$$

で……

**六本松**　第一の結果を$m$回使うと，求まる．

**箱崎**　$q(x)$ が多項式の場合は，どうなりますか？

**香椎**　$\dfrac{1}{f(D)}$ を$D$の形式的な無限級数に展開する．——たとえば，

$$\frac{1}{D+1}=1-D+D^2-D^3+\cdots$$

だから，

$$\begin{aligned}\frac{1}{D+1}(x^2-2x+3)&=(1-D+D^2-D^3+\cdots)(x^2-2x+3)\\&=(x^2-2x+3)-D(x^2-2x+3)+D^2(x^2-2x+3)\\&=(x^2-2x+3)-(2x-2)+2=x^2-4x+7\end{aligned}$$

と計算する．

**箱崎**　第一の結果を使うより，この方が簡単ですね．でも，どうして正しいんですか？

**香椎**　その証明も，その外の簡便法も割愛する．別の機会まで．

**箱崎**　今日は，〈割愛〉が多いんですね．

**香椎**　今日の話の目的は，微分演算子法そのものではなかったね．

**六本松**　目的を忘れてはいけない．——人生の目的とはナンゾヤ？

# 9 座標を変換する

線形代数の方法を探る．

今日は，２次曲線をめぐる問題での，方法を考察しよう．

## ２次曲線の場合

**箱崎**　〈２次曲線の分類〉ですね．

**六本松**　$x, y$ についての実係数の２次方程式

$$ax^2+hxy+by^2+gx+fy+c=0$$

を満足する $(x, y)$ を座標とする点の全体が２次曲線で，それは円・楕円・放物線・双曲線に限るのか，という問題．

**箱崎**　左辺が１次式の積に分解されるときとか，$(x, y)$ を座標とする点がなかったり，あっても一つだけ，という場合は除いての話ですね．

**六本松**　座標系は直交座標で，〈２次〉方程式というから２次の項の係数 $a, h, b$ の少なくとも一つは０ではない，という制限も．

**箱崎**　２次曲線の分類は，座標軸の回転とか平行移動とかをしたとき，初めの方程式が標準方程式のどれかに直せるか，という問題と同じでした．

**香椎**　標準方程式とは？

**六本松** 円の標準方程式は

$$X^2+Y^2=r^2 \qquad (r>0).$$

**箱崎** 楕円の標準方程式は

$$\frac{X^2}{a^2}+\frac{Y^2}{b^2}=1 \qquad (a>b>0)$$

です.

**六本松** 放物線の標準方程式は

$$Y^2=4pX \qquad (p>0)$$

で，双曲線の標準方程式は

$$\frac{X^2}{a^2}-\frac{Y^2}{b^2}=1 \qquad (a,\ b>0).$$

**香椎** とすると，2次曲線をめぐる問題での方法は？

**六本松** 座標軸の回転と平行移動.

**箱崎** 座標軸を回転したり，平行移動したりして，2次曲線の性質を調べるわけですから.

## 平行移動と回転

**香椎** 座標軸の平行移動を表す式は，高校で，学習しているね.

**箱崎** 一つの座標軸の原点Oが点O′ $(a,\ b)$ にくるように，座標軸を平行移動します.

勝手な点Pの初めの座標軸についての座標を $(x,\ y)$ として，新しい座標軸についての座標を $(X,\ Y)$ とすると，二つの座標の間には，何時でも，

$$\begin{cases} x=X+a \\ y=Y+b \end{cases}$$

という関係があります.

これが，座標軸の平行移動を表す式です.

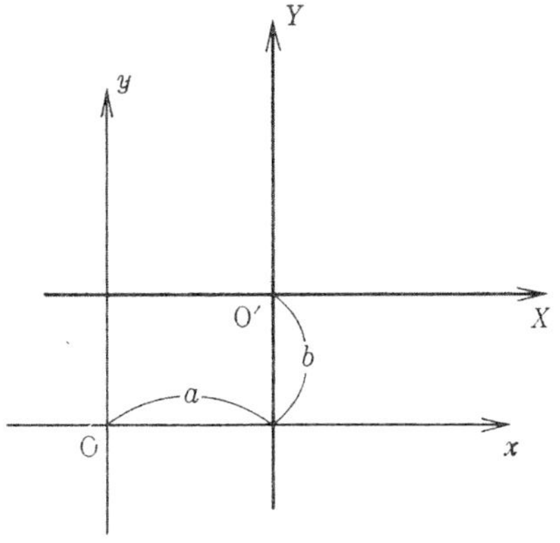

**六本松**　これは

$$\begin{cases} X=x-a \\ Y=y-b \end{cases}$$

とも書ける．

**香椎**　座標軸の回転を表す式は？

**箱崎**　一つの座標軸を原点Oのまわりに角$\theta$だけ回転します．

勝手な点Pの初めの座標軸についての座標を（$x$, $y$）として，新しい座標軸についての座標を（$X$, $Y$）とすると，二つの座標の間には，何時でも，

$$\begin{cases} x=X\cos\theta-Y\sin\theta \\ y=X\sin\theta+Y\cos\theta \end{cases}$$

という関係があります．

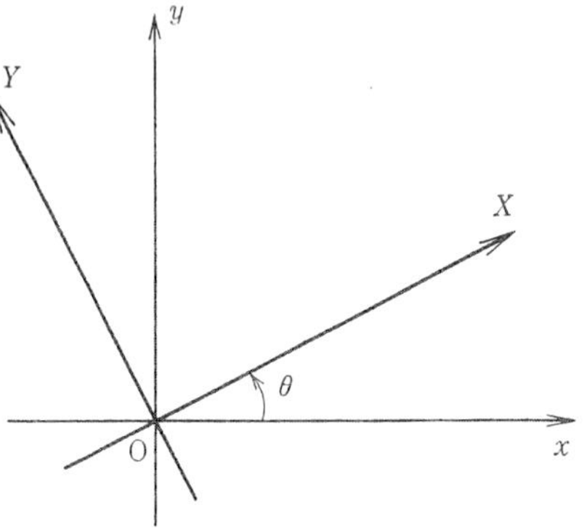


これが，座標軸の回転を表す式です．

**六本松**　これは

$$\begin{cases} X=\quad x\cos\theta+y\sin\theta \\ Y=-x\sin\theta+y\cos\theta \end{cases}$$

とも書ける．

**香椎**　これらの式の書き方は，その外にも，いろいろあるね．――たとえば，平行移動を表す式は？

**箱崎**　さっきのようにタテに並べないで，ヨコに並べて

$$x=X+a,\quad y=Y+b$$

と書くこともあります．

**六本松**　タテでもヨコでも，$x$, $y$の順にコダワル必要はない．

$$Y=y-b,\quad X=x-a$$

でも同じ.

**香椎** イロイロあるが，数学者はキチョウメンだから，一つの書き方を守る傾向が強い.

$$\begin{cases} x=X+a \\ y=Y+b \end{cases}$$

が多い.

**箱崎** 僕が最初に書いたのですね. ——どうして，六本松君のようには書かないか，というと……

**香椎** 「放物線

$$y=2x^2-4x+5$$

の頂点が原点になるように，座標軸を平行移動するとき，この放物線はどんな方程式で表されるか」を解くと？

**六本松** 頂点の座標が分かるように，問題の方程式を書きかえると

$$y=2(x-1)^2+3$$

だから，頂点の座標は (1, 3).

**箱崎** それで，平行移動を表す式を，僕の方式で書くと，

$$\begin{cases} x=X+1 \\ y=Y+3 \end{cases}$$

となって，これを問題の方程式に代入すると

$$Y=2X^2$$

と求まります.

**六本松** 結局，箱崎君の方式だと，初めの座標軸についての方程式を，新しい座標軸についての方程式に直すとき，すぐ代入できて便利.

**箱崎** 2次曲線を標準方程式に直す問題と，関係してるんですね.

**香椎** この書き方を守ることとすると，定数項の $a$, $b$ を見ただけで，平行移動の仕方が分かるね.

**六本松** 上の式は，初めの座標軸についてのヨコ座標を新しい座標軸の座標で表したもの，下の式は，初めの座標軸についてのタテ座標を新しい座標で表したもの——と相場が決まってくる. この文字はドッチの座標軸についての座標かなんて，よけいな心配はいらないで，上の式の定数項 $a$ と下の式の定数項 $b$ を見ただけで，水平方向に $a$，垂直方向に $b$ だけ平行移動することがスグ分かる.

**香椎** そこで，$a$, $b$ を上下に並べるだけで，問題の平行移動を表すことが出来るね.

上･下に並べるだけでは不安定なので，括弧でまとめ，平行移動

$$\begin{cases} x=X+a \\ y=Y+b \end{cases} \quad を \quad \begin{pmatrix} a \\ b \end{pmatrix}$$

と略記することが考えられる．

**六本松**　数学者はブショウ者！

**箱崎**　平行移動を (2, 1) 型の行列で表すわけですね．

**六本松**　一般的に，実数を成分に持つ，(2, 1) 型の行列

$$\begin{pmatrix} c \\ d \end{pmatrix}$$

で，水平方向に $c$，垂直方向に $d$ の平行移動を表す．

**箱崎**　二つの平行移動

$$\begin{pmatrix} a \\ b \end{pmatrix} \quad と \quad \begin{pmatrix} c \\ d \end{pmatrix}$$

とが同じ平行移動になるのは，水平方向の移動と垂直方向の移動が同じ場合，つまり，

$$a=c \quad かつ \quad b=d$$

の場合ですから，二つの行列が，行列として，同じ場合，つまり，

$$\begin{pmatrix} a \\ b \end{pmatrix}=\begin{pmatrix} c \\ d \end{pmatrix}$$

のときですね．

**六本松**　逆もいえる．

**香椎**　同様な事情が，回転でも，生ずるね．

**箱崎**　僕の書き方に統一しますと，係数を見ただけで回転の仕方が分かるので，

$$\begin{cases} x=X\cos\theta-Y\sin\theta \\ y=X\sin\theta+Y\cos\theta \end{cases} \quad を \quad \begin{pmatrix} \cos\theta & -\sin\theta \\ \sin\theta & \cos\theta \end{pmatrix}$$

と，(2, 2) 型の行列で表すわけですね．——高校で，習いました．

**六本松**　省略記号で表したいのなら，$\theta$ で表す方が，もっと簡単．

**香椎**　その方向も考えられる．しかし，それだと……

**箱崎**　それだと，平行移動の場合との釣合いが取れませんね．

それから，一般的に，実数を成分に持つ，(2, 2) 型の行列

$$\begin{pmatrix} a & c \\ b & d \end{pmatrix}$$

は，必ずしも，座標軸の回転を表してませんね．

**六本松**　回転を表してるのなら，

$$a=d \quad かつ \quad b=-c \quad かつ \quad a^2+b^2=1$$

でないとイケナイ．

**箱崎** 逆に，ソウなってると，

$$\cos\theta=\frac{a}{\sqrt{a^2+b^2}} \qquad かつ \qquad \sin\theta=\frac{b}{\sqrt{a^2+b^2}}$$

という $\theta$ が，$2\pi$ の整数倍を除いて，確定しますから，問題の行列は角 $\theta$ の回転を表してますね．

**六本松** 座標軸の回転は，(2, 2) 型の行列で表されますが，(2, 2) 型の行列は，座標軸の回転を表しているとは限りません．——あしからず．

## 平行移動の合成

**香椎** 座標軸の平行移動を，2回，つづけてみよう．

**箱崎** 一つの座標軸の原点Oが点 O′ $(a, b)$ にくるように，座標軸を平行移動します．それを表す式を

$$\begin{cases} x=x'+a \\ y=y'+b \end{cases}$$

とします．

**六本松** 新しい座標軸の原点 O′ が点 O″ $(c, d)$ にくるように，平行移動した式を

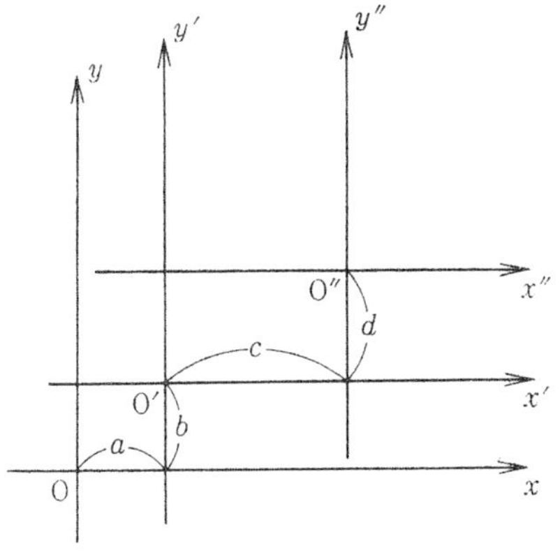


$$\begin{cases} x'=x''+c \\ y'=y''+d \end{cases}$$

とする．

**箱崎** この平行移動をつづけたのは，ヤッパリ平行移動で，それを表す式は，初めの式の $x'$, $y'$ に後の式を代入して，

$$\begin{cases} x=x''+(a+c) \\ y=y''+(b+d) \end{cases}$$

です．

**香椎**　平行移動を表す行列で見ると？

**箱崎**　一回目の平行移動，二回目の平行移動を表す行列は，それぞれ，

$$\begin{pmatrix} a \\ b \end{pmatrix}, \quad \begin{pmatrix} c \\ d \end{pmatrix}$$

で，これを続けた平行移動を表す行列は

$$\begin{pmatrix} a+c \\ b+d \end{pmatrix}$$

です．

**六本松**　二つの行列 $\begin{pmatrix} a \\ b \end{pmatrix}$ と $\begin{pmatrix} c \\ d \end{pmatrix}$ の和！

## 回転の合成

**香椎**　似た事が，回転を続けた場合に，生ずるね．

**箱崎**　一つの座標軸を原点Oのまわりに角$\alpha$だけ回転します．それを表す行列は

$$\begin{pmatrix} \cos\alpha & -\sin\alpha \\ \sin\alpha & \cos\alpha \end{pmatrix}$$

です．

**六本松**　新しい座標軸を原点Oのまわりに角$\beta$だけ回転すると，それを表す行列は

$$\begin{pmatrix} \cos\beta & -\sin\beta \\ \sin\beta & \cos\beta \end{pmatrix}.$$

**箱崎**　この回転を続けたのは，一番初めの座標軸を原点Oのまわりに角 $\alpha+\beta$ だけ回転したもので，それを表す行列は

$$\begin{pmatrix} \cos(\alpha+\beta) & -\sin(\alpha+\beta) \\ \sin(\alpha+\beta) & \cos(\alpha+\beta) \end{pmatrix}$$

です．

**六本松**

$$\cos(\alpha+\beta)=\cos\alpha\ \cos\beta-\sin\alpha\ \sin\beta,$$
$$\sin(\alpha+\beta)=\sin\alpha\ \cos\beta+\cos\alpha\ \sin\beta,$$

だから，これは，二つの行列

$$\begin{pmatrix} \cos\alpha & -\sin\alpha \\ \sin\alpha & \cos\alpha \end{pmatrix} \quad と \quad \begin{pmatrix} \cos\beta & -\sin\beta \\ \sin\beta & \cos\beta \end{pmatrix}$$

の積！

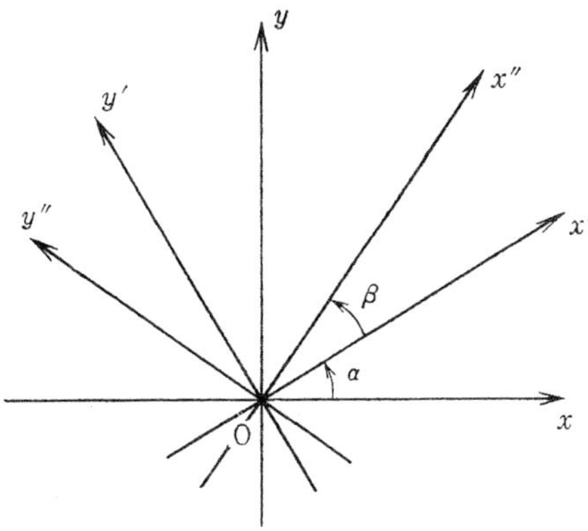


**箱崎**　高校で，習いました．

**香椎**　今日のところを要約すると？

**箱崎**　2次曲線をめぐる問題での方法は，座標軸の回転と平行移動——ということです．

**六本松**　回転も平行移動も行列で表されるから，結局，2次曲線をめぐる問題での方法は，行列．!

# 10 消去法を組織化する

線形代数の方法を探る．

今日は，連立１次方程式をめぐる問題での，方法を考察しよう．

## 連立１次方程式の場合

**箱崎**　連立１次方程式の解き方ですね．

高校までは，方程式の個数と未知数の個数が同じのしか出て来ませんが，そうでないのも考えるんでしたね．どうするんですか？

**香椎**　〈方程式を解く〉とは何か——それを反省してみよう．

僕が中学生の頃は，もちろん旧制度の中学だが，ユークリッド幾何が盛んだった．一年の教科書は，〈点とは位置だけあって，大きさのないものである〉という点の定義から始まり，公理・定理の証明と続く．面白くて面白くて，たまらなかったね．

**箱崎**　先生の専攻は，代数なんでしょう．

**香椎**　代数は，つまらなかった．負数の計算・文字式の計算・文字式の因数分解などマッタク機械的だからね．

幾何の方は，証明を考え出す楽しさ，証明を三段論法で構成する美しさがあった．

**六本松**　老人の回顧は，それ位で……

**香椎**　幾何の問題に，〈作図題〉というのがあった．たとえば——三点 A, B, C が与えられている．AC と点 X で，BC と点 Y で交わり，

$$AX=XY=YB$$

となる直線 XY を引け．

こういった作図題を解く典型的な手法に，〈解析法〉というのがある．

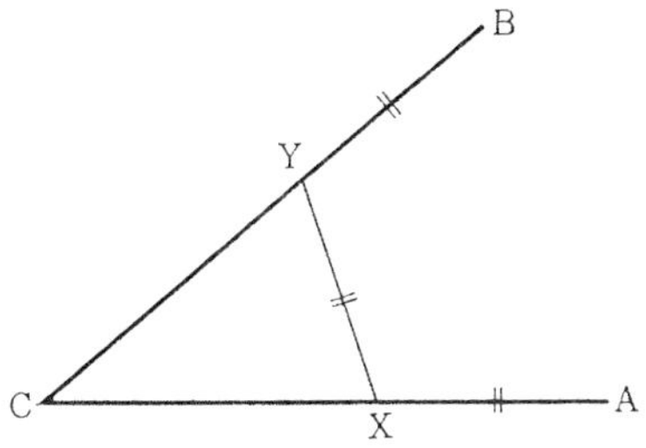


**箱崎**　微積分を使うんですか？

**香椎**　そうではない．作図が完成したものとして，そこから作図の仕方を発見しよう，とするものだね．

**六本松**　逆向きに解く！

**香椎**　このアイデアを，連立1次方程式の場合に，適用してみよう．たとえば，

$$\begin{cases} x+\ y+\ z=5 \\ 2x-\ y+2z=4 \\ 3x+4y-\ z=1 \end{cases}$$

が解けたとして，その解を書くと？

**箱崎**　えーと，

$$\begin{cases} x=a \\ y=b \\ z=c \end{cases}$$

という形です．$a, b, c$ は何か分かりませんが．

**香椎**　初めの方程式と答えの式とを比べて，気がつくことは？

**箱崎**　方程式の左辺には，三つの未知数がありますが，答えの式には，一つずつしか，ありません．

**六本松**　消えてる．

**香椎**　とすると，〈方程式を解く〉とは？

**六本松**　与えられた方程式から未知数を消去して，一つの式に，それぞれ，一つずつ互いに違う未知数が残るように，すること！

## 消　去　法

**香椎**　この方法で，さっきの方程式を解いてみよう．消去の仕方は，学習しているね．

**箱崎**　第一式を第二式に足すと，第二式から $y$ が消去されて……

**香椎**　この方程式の場合には，それがスグ目にとまると思う．しかし，係数が $a_{ij}$ と与えられている一般的な場合にも適用できる方法を探るのが目的だから，もっと組織的でない

と，いけないね．

**六本松** 順序正しく，整然と！

**箱崎** 第一式にだけ $x$ が残るように，第二式・第三式から $x$ を消去します．
（第二式）－（第一式）×2 と，（第三式）－（第一式）×3 から，

$$\begin{cases} x+y+z=5 \\ -3y=-6 \\ y-4z=-14 \end{cases}$$

です．これは，与えられた方程式と同値です．

**六本松** 今度は，この新しい方程式の第二式にだけ $y$ が残るように，第一式・第三式から $y$ を消去する．

**箱崎** そのためには，第二式の $y$ の係数が1だと早いから，第二式の両辺を $-3$ で割ると，

一席一名様に願います

$$\begin{cases} x+y+z=5 \\ y=2 \\ y-4z=-14 \end{cases}$$

で，これも，与えられた方程式と同値です．

**六本松** （第一式）－（第二式）と，（第三式）－（第二式）から，

$$\begin{cases} x+z=3 \\ y=2 \\ -4z=-16 \end{cases}$$

で，これは，与えられた方程式と同値．

**箱崎** 最後に，この方程式の第三式にだけ $z$ が残るようにします．そのために，第三式の両辺を $-4$ で割ると，

$$\begin{cases} x+z=3 \\ y=2 \\ z=4 \end{cases}$$

で，（第一式）－（第三式）から

$$\begin{cases} x=-1 \\ y=2 \\ z=4 \end{cases}$$

で，これは与えられた方程式と同値ですから，これが答えです．

**香椎**　これだと，スグに一般化できるね．

また，消去の計算は，係数と定数項とから決定する．そこで，係数と定数項との排列

$$\begin{pmatrix} 1 & 1 & 1 & 5 \\ 2 & -1 & 2 & 4 \\ 3 & 4 & -1 & 1 \end{pmatrix}$$

から，出発することが考えられるね．

**箱崎**　座標軸の平行移動や回転を行列で表したのと，同じアイデアですね．未知数や等号を省略するんですね．

**香椎**　これは，(3,4) 型の行列と，よばれている．

**箱崎**　ヨコの並びを行，タテの並びを列というのも，同じなんですね．

**六本松**　与えられた方程式の第一式にだけ $x$ が残るように，第二式・第三式から $x$ を消去するのは，行列でいうと，第一列の第二行・第三行の成分を 0 にすること．

**箱崎**　そのために，(第二式)−(第一式)×2 や (第三式)−(第一式)×3 をするのは，行列でいうと，第一行の各成分に 2 を掛けて，第二行の対応する成分から引くことや，第一行の各成分に 3 を掛けて，第三行の対応する成分から引くこと，になりますね．

**香椎**　簡単に，第一行に 2 を掛けて第二行から引く，第一行に 3 を掛けて第三行から引く，といおう．

このとき，与えられた行列は

$$\begin{pmatrix} 1 & 1 & 1 & 5 \\ 2 & -1 & 2 & 4 \\ 3 & 4 & -1 & 1 \end{pmatrix} \longrightarrow \begin{pmatrix} 1 & 1 & 1 & 5 \\ 0 & -3 & 0 & -6 \\ 0 & 1 & -4 & -14 \end{pmatrix}$$

と変形されるね．

**六本松**　二番目の方程式で $y$ の係数を 1 にするのは，この新しい行列の第二行の各成分を −3 で割ること．

**箱崎**

$$\longrightarrow \begin{pmatrix} 1 & 1 & 1 & 5 \\ 0 & 1 & 0 & 2 \\ 0 & 1 & -4 & -14 \end{pmatrix}$$

と，変形されますね．そして，この行列で，第二行を第一行・第三行から，それぞれ，引くのが，三番目の方程式の第二式にだけ $y$ を残すことで，

$$\longrightarrow \begin{pmatrix} 1 & 0 & 1 & 3 \\ 0 & 1 & 0 & 2 \\ 0 & 0 & -4 & -16 \end{pmatrix}$$

と，変形されます．

**六本松**　この行列の第三行の各成分を −4 で割るのが……

**香椎**　第三行を −4 で割る，と簡単にいおう．

**六本松**　第三行を $-4$ で割るのが，四番目の方程式の第三式の両辺を $-4$ で割ることで

$$\longrightarrow \begin{pmatrix} 1 & 0 & 1 & 3 \\ 0 & 1 & 0 & 2 \\ 0 & 0 & 1 & 4 \end{pmatrix}$$

と，変形される．

**箱崎**　この行列で，第一行から第三行を引くのが，五番目の方程式の第三式にだけ $z$ を残すことで，

$$\longrightarrow \begin{pmatrix} 1 & 0 & 0 & -1 \\ 0 & 1 & 0 & 2 \\ 0 & 0 & 1 & 4 \end{pmatrix}$$

と，変形されます．――係数に対応する成分はキレイな形になりますね．

**六本松**　ナナメに1が並んで，あとは0．コウなるようにするのが，与えられた方程式から未知数を消去して，一つの式に，それぞれ，一つずつ互いに違う未知数が残るようにすること．――それで，この行列の形から，

$$\begin{cases} x=-1 \\ y=\ \ 2 \\ z=\ \ 4 \end{cases}$$

と，答えが分かる．

**香椎**　この解も，

$$\begin{pmatrix} x \\ y \\ z \end{pmatrix}=\begin{pmatrix} -1 \\ 2 \\ 4 \end{pmatrix}$$

と，行列を使って書くことがある．

**箱崎**　これは，(3, 1) 型というんですか．高校で習った (2, 1) 型と同じ要領なんですね．

## 例　題 (一)

**香椎**　この方法で，

$$\begin{cases} -x+y+z=1 \\ \ \ \ x-y+z=2 \\ \ \ \ x+y-z=3 \end{cases}$$

を，解いてみよう．

**六本松**　係数と定数項を並べた行列で，第一列の 第二行・第三行 を0にするために，第一行を 第二行・第三行 に足すと

$$\begin{pmatrix} -1 & 1 & 1 & 1 \\ 1 & -1 & 1 & 2 \\ 1 & 1 & -1 & 3 \end{pmatrix} \longrightarrow \begin{pmatrix} -1 & 1 & 1 & 1 \\ 0 & 0 & 2 & 3 \\ 0 & 2 & 0 & 4 \end{pmatrix}.$$

**箱崎**　この新しい行列で，第二列の第一行・第三行を0にするために，第二行に……第二行に何か掛けて第一行・第三行に足して，第二列の第一行・第三行を0にしようとしても出来ません．

**六本松**　第二行の第二列にある成分が，0だから．

**箱崎**　この方程式には，さっきの方法は使えませんね．

**香椎**　消去法の原点に返ると，この段階での操作は？

**箱崎**　第二式にだけ$y$を残すこと，です．

**香椎**　ところが，第一の式だけに$x$を残す，という操作をしたところ，その結果，第二の式から$y$が消去された――ということだね．

消去法の原点に返ると，$x$を第一の式に残したのだから，第二の式か第三の式かに$y$が残されると，いいね．そこで，よく眺めると，第三の式に$y$があるから……

**箱崎**　第三式にだけ$y$を残しても，いいわけですね．

**香椎**　行列で見ると？

**六本松**　第二行と第三行を入れ換えて，

$$\longrightarrow \begin{pmatrix} -1 & 1 & 1 & 1 \\ 0 & 2 & 0 & 4 \\ 0 & 0 & 2 & 3 \end{pmatrix}$$

と変形する．そして，この行列で，さっきのような変形をする．

行を入れ換えるのは，方程式の順番を入れ換えることだから，この行列に対応する方程式は与えられた方程式と同値！

**箱崎**　第二列の第一行を0にするために，第二行に2分の1を掛けて引くと，

$$\longrightarrow \begin{pmatrix} -1 & 0 & 1 & -1 \\ 0 & 2 & 0 & 4 \\ 0 & 0 & 2 & 3 \end{pmatrix}$$

と変形されますね．

**六本松**　この行列で，第三列の第一行を0にするために，第三行に2分の1を掛けて引くと，

$$\longrightarrow \begin{pmatrix} -1 & 0 & 0 & -\frac{5}{2} \\ 0 & 2 & 0 & 4 \\ 0 & 0 & 2 & 3 \end{pmatrix}$$

と変形されて，ナナメの成分を1にするために，第一行を $-1$，第二行を 2，第三行を2で割ると，

$$\longrightarrow \begin{pmatrix} 1 & 0 & 0 & \frac{5}{2} \\ 0 & 1 & 0 & 2 \\ 0 & 0 & 1 & \frac{3}{2} \end{pmatrix}$$

だから，答えは，

$$\begin{pmatrix} x \\ y \\ z \end{pmatrix} = \begin{pmatrix} \frac{5}{2} \\ 2 \\ \frac{3}{2} \end{pmatrix}$$

**香椎**　第二行と第三行とを入れ換えるところで，第二列と第三列とを入れ換えて，

$$\begin{pmatrix} -1 & 1 & 1 & 1 \\ 0 & 0 & 2 & 3 \\ 0 & 2 & 0 & 4 \end{pmatrix} \longrightarrow \begin{pmatrix} -1 & 1 & 1 & 1 \\ 0 & 2 & 0 & 3 \\ 0 & 0 & 2 & 4 \end{pmatrix}$$

と変形しても，いいね．

定数項を並べた最後の列を除いた，二つの列を入れ換えるのは……

**箱崎**　未知数の順番を入れ換えることですから，この行列に対応する方程式は与えられた方程式と同値ですね．

**六本松**　そして，第二列と第三列を入れ換えるのは，第二式にだけ $y$ を残すのはアキラメて，第二式にだけ $z$ を残そう，という意味．だから，この変形からも答えが出る．

**香椎**　答えを書くとき，$y$ と $z$ との順序が入れ換わっていることの注意が必要だがね．

## 例　題（二）

**香椎**

$$\begin{cases} x+2y+3z=1 \\ 4x+5y+6z=7 \\ 7x+8y+9z=19 \end{cases}$$

は？

**箱崎**

$$\begin{pmatrix} 1 & 2 & 3 & 1 \\ 4 & 5 & 6 & 7 \\ 7 & 8 & 9 & 19 \end{pmatrix} \longrightarrow \begin{pmatrix} 1 & 2 & 3 & 1 \\ 0 & -3 & -6 & 3 \\ 0 & -6 & -12 & 12 \end{pmatrix}$$

$$\longrightarrow \begin{pmatrix} 1 & 2 & 3 & 1 \\ 0 & 1 & 2 & -1 \\ 0 & 1 & 2 & -2 \end{pmatrix} \longrightarrow \begin{pmatrix} 1 & 0 & -1 & 3 \\ 0 & 1 & 2 & -1 \\ 0 & 0 & 0 & -1 \end{pmatrix}$$

ですから，第一式にだけ $x$，第二式にだけ $y$ は残せますが，第三式にだけ $z$ を残すことは，どうもがいても出来ません．——この方程式には，さつきの方法は使えませんね．

**香椎**　ソウかな？　最後の行列に対応する，連立方程式は？

**箱崎**

$$\begin{cases} x \qquad - z = 3 \\ \qquad y + 2z = -1 \\ 0x + 0y + 0z = -1 \end{cases}$$

で……，あっ，そーか，これは不能ですね．——第三式を満足する $x, y, z$ はありませんから．

**六本松**　だから，与えられた方程式の解は存在しない．この方程式と与えられた方程式は同値だから．

**箱崎**　行列を変形するとき，定数項を並べた最後の列の成分は 0 でないけど，その外の列の成分はゼンブ 0 という，一つの行が現れると，その方程式は不能なことが，分かるんですね．

## 例　　題 (三)

**香椎**　もう一つ練習しよう．

$$\begin{cases} x + 2y + 3z = 1 \\ 4x + 5y + 6z = 2 \\ 7x + 8y + 9z = 3 \end{cases}$$

は？

**箱崎**

$$\begin{pmatrix} 1 & 2 & 3 & 1 \\ 4 & 5 & 6 & 2 \\ 7 & 8 & 9 & 3 \end{pmatrix} \longrightarrow \begin{pmatrix} 1 & 2 & 3 & 1 \\ 0 & -3 & -6 & -2 \\ 0 & -6 & -12 & -4 \end{pmatrix}$$

$$\longrightarrow \begin{pmatrix} 1 & 2 & 3 & 1 \\ 0 & 1 & 2 & \frac{2}{3} \\ 0 & 1 & 2 & \frac{2}{3} \end{pmatrix} \longrightarrow \begin{pmatrix} 1 & 0 & -1 & -\frac{1}{3} \\ 0 & 1 & 2 & \frac{2}{3} \\ 0 & 0 & 0 & 0 \end{pmatrix}$$

で，今度は，最後の行がゼンブ 0 ですが……

**香椎**　これに対応する連立方程式は？

**六本松**　第三式はナイのと同じだから，

$$\begin{cases} x \qquad - z = -\dfrac{1}{3} \\ \qquad y + 2z = \dfrac{2}{3} \end{cases}$$

**香椎**　これは，

$$\begin{cases} x=-\dfrac{1}{3}+z \\ y=\quad\dfrac{2}{3}-2z \end{cases}$$

と同値だね．だから……

**箱崎**　$z$ は勝手な値をとれますね．与えられた方程式は不定なんですね．

**香椎**　だから，何時かもいったように，媒介変数表示をする．これは，媒介変数 $t$ を使って，

$$\begin{cases} x=-\dfrac{1}{3}+t \\ y=\quad\dfrac{2}{3}-2t \\ z=\qquad\quad t \end{cases}$$

と書けるね．そこで，行列を使って，解は

$$\begin{pmatrix} x \\ y \\ z \end{pmatrix}=\begin{pmatrix} -\dfrac{1}{3} \\ \dfrac{2}{3} \\ 0 \end{pmatrix}+t\begin{pmatrix} 1 \\ -2 \\ 1 \end{pmatrix}$$

と書くことがある．実数解を求める場合には $t$ は任意の実数，複素数解を求める場合には $t$ は任意の複素数を表す．

**箱崎**　不定な場合も，行列の変形で，分かるんですね．

今までは，方程式の個数と未知数の個数が同じのしか出て来ませんでしたが，違うときも，ウマク行くんですか？．

**香椎**　方程式の個数と未知数の個数とが異なる場合は．この次に練習しよう．それは兎も角……

**六本松**　今日の話の目的は，連立１次方程式の解法に行列を使うことの認識！

# 11 行列の変形で解く

線形代数の方法を探る.

連立1次方程式をめぐる問題での方法を，引き続き考察しよう.

## 消　去　法

**香椎**　連立1次方程式を解く基本方針は？

**箱崎**　消去法です.

**香椎**　$\boldsymbol{R}$ と $\boldsymbol{C}$ とを代表して，例によって，$F$ で表す.

$n$ 個の未知数 $x_1, x_2, \cdots, x_n$ についての，$m$ 個の連立1次方程式

$$\begin{cases} a_{11}x_1 + a_{12}x_2 + \cdots + a_{1n}x_n = b_1 \\ a_{21}x_1 + a_{22}x_2 + \cdots + a_{2n}x_n = b_2 \\ \quad \cdots \qquad \cdots \qquad \cdots \\ a_{m1}x_1 + a_{m2}x_2 + \cdots + a_{mn}x_n = b_m \end{cases}$$

消去法とは行列の変形で解くことだ

で，いうと？ $a_{ij}$ や $b_i$ は$F$の元で，解は$F$の元で考察する．

**六本松** $F$が $\boldsymbol{R}$ なら実数解，$F$が $\boldsymbol{C}$ なら複素数解．

**箱崎** この方程式から未知数を消去して，一つの式に，それぞれ，一つずつ互いに違う未知数が残るようにするのが，基本方針です．

**六本松** それを機械的にするために，係数と定数項の排列

$$\begin{pmatrix} a_{11} & a_{12} \cdots & a_{1n} & b_1 \\ a_{21} & a_{22} \cdots & a_{2n} & b_2 \\ \vdots & \vdots & \vdots & \vdots \\ a_{m1} & a_{m2} \cdots & a_{mn} & b_m \end{pmatrix}$$

から，出発する．

**香椎** これは，$F$の元を成分に持つ，$(m, n+1)$ 型の行列と，よばれている．

**箱崎** ヨコの並びを行，タテの並びを列というのも，(2, 2) 型なんかと同じなんですね．

**六本松** この行列を——方程式の係数 $a_{ij}$ の排列の部分が，ナナメに1，あとは0が並ぶように——変形する．

**箱崎** それが，未知数を消去して，一つの式に，それぞれ，一つずつ互いに違う未知数が残るようにすること，ですね．

**六本松** そう変形するのに，

① 一つの行を何倍かして，外の行に足したり，外の行から引いたりする
② 一つの行を0でない数で割る
③ 二つの行を互いに入れ換える
④ 最後の列を除いた，二つの列を互いに入れ換える

という操作を繰り返す．

**箱崎** もとの連立1次方程式でいうと——①は一つの方程式を何倍かして外の方程式に足したり引いたりすること，②は一つの方程式を0でない数で割ること，③は方程式の順番を入れ換えること，④は未知数の順番を入れ換えること——で，どれも同値な変形ですから．

**香椎** 先日は，方程式の個数と未知数の個数とが同じ場合を，練習したね．

**箱崎** 今日は，方程式の個数と未知数の個数が違う場合ですね．

## 例　　題（一）

**香椎** 方程式の個数が未知数の個数より多い場合から，始めよう．

$$\begin{cases} x+y+z=1 \\ x+y-z=0 \\ x-y-z=0 \\ x+y+3z=2 \end{cases}$$

を解くと？

**六本松**　係数と定数項を並べた行列で，第一列の第二行·第三行·第四行を0にするために，第一行を第二行·第三行·第四行から引くと

$$\begin{pmatrix} 1 & 1 & 1 & 1 \\ 1 & 1 & -1 & 0 \\ 1 & -1 & -1 & 0 \\ 1 & 1 & 3 & 2 \end{pmatrix} \longrightarrow \begin{pmatrix} 1 & 1 & 1 & 1 \\ 0 & 0 & -2 & -1 \\ 0 & -2 & -2 & -1 \\ 0 & 0 & 2 & 1 \end{pmatrix}$$

だから，第二行と第三行を入れ換えて，変形を続けると

$$\longrightarrow \begin{pmatrix} 1 & 1 & 1 & 1 \\ 0 & -2 & -2 & -1 \\ 0 & 0 & -2 & -1 \\ 0 & 0 & 2 & 1 \end{pmatrix} \longrightarrow \begin{pmatrix} 1 & 0 & 0 & \frac{1}{2} \\ 0 & -2 & -2 & -1 \\ 0 & 0 & -2 & -1 \\ 0 & 0 & 2 & 1 \end{pmatrix}$$

$$\longrightarrow \begin{pmatrix} 1 & 0 & 0 & \frac{1}{2} \\ 0 & -2 & 0 & 0 \\ 0 & 0 & -2 & -1 \\ 0 & 0 & 0 & 0 \end{pmatrix} \longrightarrow \begin{pmatrix} 1 & 0 & 0 & \frac{1}{2} \\ 0 & 1 & 0 & 0 \\ 0 & 0 & 1 & \frac{1}{2} \\ 0 & 0 & 0 & 0 \end{pmatrix}$$

で，答えは，

$$\begin{pmatrix} x \\ y \\ z \end{pmatrix} = \begin{pmatrix} \frac{1}{2} \\ 0 \\ \frac{1}{2} \end{pmatrix}.$$

**箱崎**　この方程式の係数も定数項も実数ですから，$F$ が $\boldsymbol{R}$ の場合も $\boldsymbol{C}$ の場合も考えられますが，どっちにしても解は，この一つだけですね．

**香椎**

$$\begin{cases} x-y+z=1 \\ x+y-z=1 \\ x-y-z=-1 \\ x+y+z=0 \end{cases}$$

は？

**箱崎**

$$\begin{pmatrix} 1 & -1 & 1 & 1 \\ 1 & 1 & -1 & 1 \\ 1 & -1 & -1 & -1 \\ 1 & 1 & 1 & 0 \end{pmatrix} \longrightarrow \begin{pmatrix} 1 & -1 & 1 & 1 \\ 0 & 2 & -2 & 0 \\ 0 & 0 & -2 & -2 \\ 0 & 2 & 0 & -1 \end{pmatrix}$$

$$\longrightarrow \begin{pmatrix} 1 & 0 & 0 & 1 \\ 0 & 2 & -2 & 0 \\ 0 & 0 & -2 & -2 \\ 0 & 0 & 2 & -1 \end{pmatrix} \longrightarrow \begin{pmatrix} 1 & 0 & 0 & 1 \\ 0 & 2 & 0 & 2 \\ 0 & 0 & -2 & -2 \\ 0 & 0 & 0 & -3 \end{pmatrix}$$

ですから，不能です．

**六本松**　実数解で考えても，複素数解で考えても，解は存在しない．

第四行に対応する方程式

$$0x+0y+0z=-3$$

を満足する $x, y, z$ の値は，実数でも複素数でも，存在しない，から．

**香椎**

$$\begin{cases} x-y=-2 \\ 3x-y+z=-2 \\ 2x+4y+3z=8 \\ 2y+z=4 \end{cases}$$

は？

**箱崎**

$$\begin{pmatrix} 1 & -1 & 0 & -2 \\ 3 & -1 & 1 & -2 \\ 2 & 4 & 3 & 8 \\ 0 & 2 & 1 & 4 \end{pmatrix} \longrightarrow \begin{pmatrix} 1 & -1 & 0 & -2 \\ 0 & 2 & 1 & 4 \\ 0 & 6 & 3 & 12 \\ 0 & 2 & 1 & 4 \end{pmatrix}$$

$$\longrightarrow \begin{pmatrix} 1 & 0 & \frac{1}{2} & 0 \\ 0 & 2 & 1 & 4 \\ 0 & 0 & 0 & 0 \\ 0 & 0 & 0 & 0 \end{pmatrix} \longrightarrow \begin{pmatrix} 1 & 0 & \frac{1}{2} & 0 \\ 0 & 1 & \frac{1}{2} & 2 \\ 0 & 0 & 0 & 0 \\ 0 & 0 & 0 & 0 \end{pmatrix}$$

ですから，不定です．

**六本松**　最後の行列に対応する連立方程式は

$$\begin{cases} x+\frac{1}{2}z=0 \\ y+\frac{1}{2}z=2 \end{cases}$$

で，$z$ は勝手な値をとれて，これは

$$\begin{cases} x=-\frac{1}{2}t \\ y=2-\frac{1}{2}t \\ z=t \end{cases}$$

と書けるから，解は

$$\begin{pmatrix} x \\ y \\ z \end{pmatrix} = \begin{pmatrix} 0 \\ 2 \\ 0 \end{pmatrix} + t \begin{pmatrix} -\frac{1}{2} \\ -\frac{1}{2} \\ 1 \end{pmatrix} \qquad (t \in F).$$

**箱崎**　$F$が$\boldsymbol{R}$だと実数解，$F$が$\boldsymbol{C}$だと複素数解ですね．

結局，方程式の個数が未知数の個数より多い場合も，行列の変形で解けますね．

**六本松**　最後の列の成分は0でないけど，その外の列の成分はゼンブ0という行が，一つでも出来ると，その連立方程式の解は存在しない．

**箱崎**　そんな行が現れないと，解は必ずありますが——そのときは，ゼンブ0という行が出来ますね．

方程式の個数が未知数の個数より多い，から．

**六本松**　そして，行の個数から，ゼンブ0という行の個数を引いた値が，未知数の個数と同じなら，解はただ一つ．未知数の個数より少ないなら，解は無数．

**箱崎**　未知数の個数より多いことは，ありませんね．

そのときは，もっと変形できる，のですから．

## 例　　題（二）

**香椎**　方程式の個数が未知数の個数より少ない場合を，調べよう．

$$\begin{cases} x+y+z+\ w=2 \\ 2x+y+z-\ w=0 \\ \qquad y+z+3w=0 \end{cases}$$

は？

**六本松**

$$\begin{pmatrix} 1 & 1 & 1 & 1 & 2 \\ 2 & 1 & 1 & -1 & 0 \\ 0 & 1 & 1 & 3 & 0 \end{pmatrix} \longrightarrow \begin{pmatrix} 1 & 1 & 1 & 1 & 2 \\ 0 & -1 & -1 & -3 & -4 \\ 0 & 1 & 1 & 3 & 0 \end{pmatrix}$$

$$\longrightarrow \begin{pmatrix} 1 & 0 & 0 & -2 & -2 \\ 0 & -1 & -1 & -3 & -4 \\ 0 & 0 & 0 & 0 & -4 \end{pmatrix}$$

だから，解は存在しない．実数解も，複素数解も．

**香椎**

$$\begin{cases} x+y+\ z+w=1 \\ x+y+2z+w=0 \\ x+y-\ z+w=3 \end{cases}$$

は？

**箱崎**

$$\begin{pmatrix} 1 & 1 & 1 & 1 & 1 \\ 1 & 1 & 2 & 1 & 0 \\ 1 & 1 & -1 & 1 & 3 \end{pmatrix} \longrightarrow \begin{pmatrix} 1 & 1 & 1 & 1 & 1 \\ 0 & 0 & 1 & 0 & -1 \\ 0 & 0 & -2 & 0 & 2 \end{pmatrix}$$

$$\longrightarrow \begin{pmatrix} 1 & 1 & 1 & 1 & 1 \\ 0 & 1 & 0 & 0 & -1 \\ 0 & -2 & 0 & 0 & 2 \end{pmatrix} \longrightarrow \begin{pmatrix} 1 & 0 & 1 & 1 & 2 \\ 0 & 1 & 0 & 0 & -1 \\ 0 & 0 & 0 & 0 & 0 \end{pmatrix}$$

ですから，不定です．

**六本松**　最後の行列に対応する連立方程式は

$$\begin{cases} x+y+w= \ \ 2 \\ \ z \qquad\quad =-1. \end{cases}$$

途中で，第二列と第三列を入れ換えてる，から．

**箱崎**　これは，媒介変数 $s, t$ を使って

$$\begin{cases} x= \ \ 2-s-t \\ y= \qquad s \\ z=-1 \\ w= \qquad\quad t \end{cases}$$

と書けますから，解は

$$\begin{pmatrix} x \\ y \\ z \\ w \end{pmatrix} = \begin{pmatrix} 2 \\ 0 \\ -1 \\ 0 \end{pmatrix} + s\begin{pmatrix} -1 \\ 1 \\ 0 \\ 0 \end{pmatrix} + t\begin{pmatrix} -1 \\ 0 \\ 0 \\ 1 \end{pmatrix} \qquad (s, t \in F)$$

です．――$y$ と $w$ は勝手な値をとれます，から．

**六本松**　結局，方程式の個数が未知数の個数より少ない場合も，行列の変形で解ける．

**箱崎**　この場合は，不能か不定かで，解がただ一つというのは起こりませんね．

**六本松**　最後の列の成分は 0 でないけど，その外の列の成分はゼンブ 0 という行が，一つでも出来ると，解は存在しない．

**箱崎**　そんな行が現れないと，解は必ずありますが――行の個数から，ゼンブ 0 という行の個数を引いた値は何時でも未知数の個数より少ないので，解が無数にある場合しか起こりませんね．

**六本松**　ゼンブ 0 という行が出来ないときでも，同じこと．

## 行列の変形

**香椎**　連立 1 次方程式

$$\begin{cases} a_{11}x_1+a_{12}x_2+\cdots+a_{1n}x_n=b_1 \\ a_{21}x_1+a_{22}x_2+\cdots+a_{2n}x_n=b_2 \\ \quad\vdots \qquad\quad \vdots \qquad\quad \vdots \\ a_{m1}x_1+a_{m2}x_2+\cdots+a_{mn}x_n=b_m \qquad (a_{ij}, b_i \in F) \end{cases}$$

の，$F$ の元での解を求めるのに，$F$ の元を成分に持った行列

$$\begin{pmatrix} a_{11} & a_{12} \cdots & a_{1n} & b_1 \\ a_{21} & a_{22} \cdots & a_{2n} & b_2 \\ \vdots & \vdots & \vdots & \vdots \\ a_{m1} & a_{m2} \cdots & a_{mn} & b_m \end{pmatrix}$$

を変形する，という方法があること——が分かったね．

その変形の仕方だが，さっき六本松君は，

①　一つの行を何倍かして，外の行に加えたり，外の行から引いたりする

といったね．〈外の行から引く〉のは，〈マイナス何倍かして加えること〉だから……

**箱崎**　〈一つの行を何倍かして外の行に加える〉というだけで，いいですね．

**香椎**　何倍かする数は，たとえば，$F$が$\boldsymbol{R}$のとき，複素数でいいか，というと……

**六本松**　ダメ．実数解でなくなる．——何倍かする数は，$F$の元！

**箱崎**　そうすると，二番目の変形で，〈一つの行を0でない数で割る〉という〈0でない数〉も$F$の元ですね．

**香椎**　〈0でない数で割る〉のは，〈逆数を掛けること〉だから……

**六本松**　〈一つの行に，0でない，$F$の元を掛ける〉と，なる．

**箱崎**　結局，$F$の元を成分に持つ行列を変形するとき，途中に出てくる行列は，ゼンブ，$F$の元を成分に持つように変形する——ということですね．

**六本松**　ヤカマシクいうと．

# 12 方法の共通点を抽出する

線形代数の方法への，第二歩を踏み出そう．

そのために，これまでの歩みを振り返ってみよう．

## 三つの方法

**箱崎**　三つの背景——微分方程式をめぐる問題・2次曲線をめぐる問題・連立1次方程式をめぐる問題——から共通なものを抽き出しながら，線形代数を構成する，というのが基本方針です．

**六本松**　この三つの背景での対象の共通点を調べて，そこから線形代数の対象は導入した．

それは，線形空間．

**箱崎**　いまは，この三つの背景での方法の共通点を調べて，そこから線形代数の方法を導入しよう——と，してるところです．

**香椎**　どこまで進展したかね．

**箱崎**　微分方程式をめぐる問題では，微分方程式

$$\frac{d^n y}{dx^n}+a_1\frac{d^{n-1}y}{dx^{n-1}}+\cdots+a_{n-1}\frac{dy}{dx}+a_n y=q(x)$$

の一つの解，つまり，特別解を求めるのに，微分演算子法というのがありました．

$a_1, \cdots, a_n$ は実数で，$q$ は区間 $I$ で連続な実数値関数です．

**六本松**　微分演算子法では，関数 $y$ の第 $r$ 次導関数を，記号 $D$ を使って，$D^r y$ と書く．

そして，$D$ の実係数の形式的多項式

$$f(D)=D^n+a_1D^{n-1}+\cdots+a_{n-1}D+a_n$$

を導入する．これが，微分演算子．

**箱崎**　微分演算子の和とか差とか積とか商とかも出て来ました．

**六本松**　その商が，特別解を求めるとき役に立つ．

$q$ が応用上よく出て来る関数——多項式・指数関数・正弦関数・余弦関数や，それらの組み合わせで表される関数——の場合は，簡便法があるから．でも，あまり詳しくはしてない．

**箱崎**　2次曲線をめぐる問題は，2次曲線の分類で……

**六本松**　2次曲線の分類は，座標軸の回転や平行移動をしたとき，$x, y$ についての実係数の2次方程式

$$ax^2+hxy+by^2+gx+fy+c=0$$

が，円・楕円・放物線・双曲線のドレカの標準方程式に直せるか，という問題で……

**箱崎**　2次曲線をめぐる問題での方法は，座標軸の回転や平行移動ですが，それは (2, 2) 型とか (2, 1) 型とかの行列で表されました．

**六本松**　結局，2次曲線をめぐる問題での方法は，(2, 2) 型行列と (2, 1) 型行列．

**箱崎**　連立1次方程式をめぐる問題にも，行列が出て来ましたね．

$n$ 個の未知数 $x_1, x_2, \cdots, x_n$ についての，$m$ 個の連立1次方程式

$$\begin{cases} a_{11}x_1+a_{12}x_2+\cdots+a_{1n}x_n=b_1 \\ a_{21}x_1+a_{22}x_2+\cdots+a_{2n}x_n=b_2 \\ \quad\cdots \qquad \cdots \qquad \cdots \\ a_{m1}x_1+a_{m2}x_2+\cdots+a_{mn}x_n=b_m \end{cases}$$

を解くのに，消去法を使いますが……

**六本松**　それは，係数と定数項を並べた，$(m, n+1)$ 型の行列

$$\begin{pmatrix} a_{11} & a_{12} & \cdots & a_{1n} & b_1 \\ a_{21} & a_{22} & \cdots & a_{2n} & b_2 \\ \vdots & \vdots & & \vdots & \vdots \\ a_{m1} & a_{m2} & \cdots & a_{mn} & b_m \end{pmatrix}$$

を変形すること．

## 共通点の抽出（一）

**箱崎**　2次曲線の場合と連立1次方程式の場合は，ドッチも，行列が出て来るので，似てる感じはしますが，微分方程式の場合との共通点はバクゼンとしてます……

**香椎**　三つの方法のうち，最も馴じみ深いのは，(2, 2) 型の行列だね．

それは，2次曲線をめぐる問題の場合，原点のまわりの座標軸の回転を表す式の，省略記号だったね．座標軸の回転と同時に，座標平面上の点も原点のまわりに回転するから，問題の行列は……

**箱崎**　1次変換を表してます．高校で習いました．

**香椎**　変換とは？

**六本松** 一つの平面から同じ平面への写像.

**香椎** 〈方法〉は，〈対象〉抜きでは，語れないね.

2次曲線をめぐる問題での，対象は？

**箱崎** 直接的には2次曲線ですが，もっと広く考えて——原点を始点とする位置ベクトル全体の集合 $M_2$ という実線形空間です.

**香椎** とすると，問題の行列は？

**六本松** $M_2$ から $M_2$ への写像を表してる.

**箱崎** そうすると，2次曲線をめぐる問題に出て来る，(2,1) 型の行列

$$\begin{pmatrix} a \\ b \end{pmatrix}$$

は，初めの座標軸の原点Oを始点とする位置ベクトル全体の実線形空間 $M_2$ から，新しい座標軸の原点 O′ を始点とする位置ベクトル全体の実線形空間 $M_2'$ への写像を表してますね.

**六本松** 結局，2次曲線をめぐる問題での方法は，位置ベクトルの線形空間から，位置ベクトルの線形空間への写像!

**香椎** 微分演算子 $f(D)$ の意味は？

**箱崎** $f(D)y$ で，関数

$$\frac{d^n y}{dx^n}+a_1\frac{d^{n-1}y}{dx^{n-1}}+\cdots+a_{n-1}\frac{dy}{dx}+a_n y$$

を表すことです.

**香椎** このことは〈関数 $y$ から箱崎君が書いた関数を作り出す〉という作用を $f(D)$ がする，とも見做されるね. そこで，$f(D)$ を，微分〈作用素〉とも，よんだ.

〈作り出す〉という動的操作を離れて，〈作り出されたもの〉との静的関係から眺めると？

**六本松** $f(D)$ は写像!

**香椎** この写像の定義域だが——微分方程式

$$f(D)y=q(x)$$

をめぐる問題での対象は？

**箱崎** この方程式の解の全体です.

**香椎** 2次曲線の場合のように，対象を拡げると？

**六本松** この方程式の解の候補，つまり，区間 $I$ で $n$ 回微分可能な実数値関数の全体.

$a_1, \cdots, a_n$ は実数，$q$ は区間 $I$ で連続な実数値関数で，問題の微分方程式の実数解を求める，として.

**香椎** 区間 $I$ で $n$ 回微分可能な実数値関数全体の集合 $L_1$ が，$f(D)$ の定義域だね.

$f(D)$ の値は？

**箱崎** 区間$I$で定義される実数値関数全体の集合に含まれます．一番広く考えると．

**香椎** その集合を$L_2$とすると，$L_1$も$L_2$も，関数の和と，実数と関数の積とに関して，実線形空間だね．

**六本松** だから，微分演算子は，線形空間から線形空間への写像！

**香椎** 微分方程式

$$f(D)y=q(x)$$

をめぐる問題での，基本的課題は？

**箱崎** 解の存在の判定・解の一意性の判定・解の具体的表示です．

**香椎** それらを，写像$f(D)$を通して，眺めると？

**六本松** えーと……，解が存在するかどうか，ということは，$L_1$の$f(D)$による像に$q(x)$が属するかどうか，ということ．

**箱崎** 問題の微分方程式の解法は，その一つの解を求めることと，微分方程式

$$f(D)y=0$$

の全部の解を求めることに帰着されました．

それで，解の具体的表示ですが――初めの解は，$f(D)$の商の微分演算子で求まりました．二番目の解は，$f(D)$による像が0になる，$L_1$の元ですから，集合

$$\{y\in L_1 \mid f(D)y=0\}$$

を具体的に求めること，になりますね．この集合は，実線形空間でした．

**六本松** この線形空間は何時でも零元は含んでるから，解がただ一つかどうかは，この線形空間が零元だけを含んでいるかどうか，つまり，

$$\{y\in L_1 \mid f(D)y=0\}=\{0\}$$

かどうか，ということ．

## 共通点の抽出（二）

**香椎** 連立1次方程式

$$\begin{cases} a_{11}x_1+a_{12}x_2+\cdots+a_{1n}x_n=b_1 \\ a_{21}x_1+a_{22}x_2+\cdots+a_{2n}x_n=b_2 \\ \quad\cdots \qquad \cdots \qquad \cdots \\ a_{m1}x_1+a_{m2}x_2+\cdots+a_{mn}x_n=b_m \end{cases}$$

をめぐる問題での対象は？

**箱崎** 直接的には解の全体ですが，微分方程式の場合とか2次曲線の場合とかのように，この方程式の解の候補にまで拡げると，数ベクトル空間$\boldsymbol{R}^n$です．この方程式の解は，$\boldsymbol{R}^n$の元で表しましたから．

**六本松**　$a_{ij}$ や $b_k$ が実数で，この方程式の実数解を求める，として.

**香椎**　2次曲線の場合の，(2, 2) 型行列に返ってみよう.

原点Oを始点とする位置ベクトル $\overrightarrow{\mathrm{OP}}$ を成分表示したものを $(x_1, x_2)$，$\overrightarrow{\mathrm{OP}}$ を原点Oのまわりに $\theta$ だけ回転した位置ベクトル $\overrightarrow{\mathrm{OP'}}$ を成分表示したものを $(y_1, y_2)$ とするとき，$(x_1, x_2)$ と $(y_1, y_2)$ との関係は？

**箱崎**

$$\begin{cases} y_1 = x_1 \cos\theta - x_2 \sin\theta \\ y_2 = x_1 \sin\theta + x_2 \cos\theta \end{cases}$$

です. 高校で習いました.

**香椎**　これは，$\boldsymbol{R}^2$ から $\boldsymbol{R}^2$ への1次変換だね.

この式を，行列を使って，書くと？

**六本松**

$$\begin{pmatrix} y_1 \\ y_2 \end{pmatrix} = \begin{pmatrix} \cos\theta & -\sin\theta \\ \sin\theta & \cos\theta \end{pmatrix} \begin{pmatrix} x_1 \\ x_2 \end{pmatrix}$$

で，この1次変換を表す行列は，座標軸の回転を表す行列と同じ.

**香椎**　$\boldsymbol{R}^2$ から $\boldsymbol{R}^2$ への1次変換の一般形は？

**箱崎**

$$\begin{cases} y_1 = ax_1 + bx_2 \\ y_2 = cx_1 + dx_2, \end{cases} \quad \text{つまり，} \quad \begin{pmatrix} y_1 \\ y_2 \end{pmatrix} = \begin{pmatrix} a & b \\ c & d \end{pmatrix} \begin{pmatrix} x_1 \\ x_2 \end{pmatrix}$$

です.

**香椎**　そこで，連立1次方程式

$$\begin{cases} ax_1 + bx_2 = l_1 \\ cx_1 + dx_2 = l_2 \end{cases}$$

をめぐる問題は，箱崎君が書いた1次変換を通して，眺めることが出来るね.

**六本松**　できる，出来る. ——この方程式を，行列を使って，

$$\begin{pmatrix} a & b \\ c & d \end{pmatrix} \begin{pmatrix} x_1 \\ x_2 \end{pmatrix} = \begin{pmatrix} l_1 \\ l_2 \end{pmatrix}$$

と書くと，微分方程式 $f(D)y = q(x)$ と同じ形で，写像 $f(D)$ と1次変換を表す行列が対応していて，連立1次方程式をめぐる問題での三つの基本的な課題も，微分方程式の場合と同じようにホンヤクできる.

**箱崎**　そうすると，一般的な連立1次方程式の場合は，$\boldsymbol{R}^n$ から $\boldsymbol{R}^m$ への写像

$$\begin{cases} y_1 = a_{11}x_1 + a_{12}x_2 + \cdots + a_{1n}x_n \\ y_2 = a_{21}x_1 + a_{22}x_2 + \cdots + a_{2n}x_n \\ \quad \cdots \qquad \cdots \qquad \cdots \\ y_m = a_{m1}x_1 + a_{m2}x_2 + \cdots + a_{mn}x_n \end{cases}$$

を通して考えられる，わけですね.

**香椎**　歴史的には，この写像の省略記号として，

$$\begin{pmatrix} a_{11} & a_{12} & \cdots & a_{1n} \\ a_{21} & a_{22} & \cdots & a_{2n} \\ \vdots & \vdots & & \vdots \\ a_{m1} & a_{m2} & \cdots & a_{mn} \end{pmatrix}$$

という，一般的な $(m, n)$ 型の行列が導入される．

そして，この写像を

$$\begin{pmatrix} y_1 \\ y_2 \\ \vdots \\ y_m \end{pmatrix} = \begin{pmatrix} a_{11} & a_{12} & \cdots & a_{1n} \\ a_{21} & a_{22} & \cdots & a_{2n} \\ \vdots & & & \\ a_{m1} & a_{m2} & \cdots & a_{mn} \end{pmatrix} \begin{pmatrix} x_1 \\ x_2 \\ \vdots \\ x_n \end{pmatrix}$$

と書き……

**六本松**　問題の連立方程式を

$$\begin{pmatrix} a_{11} & a_{12} & \cdots & a_{1n} \\ a_{21} & a_{22} & \cdots & a_{2n} \\ \vdots & \vdots & & \\ a_{m1} & a_{m2} & \cdots & a_{mn} \end{pmatrix} \begin{pmatrix} x_1 \\ x_2 \\ \vdots \\ x_n \end{pmatrix} = \begin{pmatrix} b_1 \\ b_2 \\ \vdots \\ b_n \end{pmatrix}$$

と書く．

**箱崎**　$(m, n)$ 型の行列と $(n, 1)$ 型の行列の掛け算は，$(2, 2)$ 型の行列と $(2, 1)$ 型の行列の掛け算と同じなんですね．

**香椎**　$(m, n)$ 型行列同志の和や差，数と $(m, n)$ 型行列との積も同じ要領だね．

**六本松**　自然なナリユキ！

**箱崎**　話は分かりましたが，連立1次方程式を解くとき使う，$(m, n+1)$ 型の行列

$$\begin{pmatrix} a_{11} & a_{12} & \cdots & a_{1n} & b_1 \\ a_{21} & a_{22} & \cdots & a_{2n} & b_2 \\ \vdots & \vdots & & \vdots & \vdots \\ a_{m1} & a_{m2} & \cdots & a_{mn} & b_m \end{pmatrix}$$

は，何処かに消えてしまいましたね．

**香椎**　どうしても，それにコダワルのなら，与えられた連立方程式より未知数の個数が一つ多い方程式

$$\begin{cases} a_{11}x_1 + a_{12}x_2 + \cdots + a_{1n}x_n + b_1x_{n+1} = 0 \\ a_{21}x_1 + a_{22}x_2 + \cdots + a_{2n}x_n + b_2x_{n+1} = 0 \\ \quad \cdots \qquad \cdots \qquad \cdots \\ a_{m1}x_1 + a_{m2}x_2 + \cdots + a_{mn}x_n + b_mx_{n+1} = 0 \end{cases}$$

に注目すると？

**箱崎**　この方程式の解で，$x_{n+1}$ が $-1$ になるのが，与えられた方程式の解ですから——この方程式を解くのも与えられた方程式を解くのも同じことで——この方程式を解くのに，問題の $(m, n+1)$ 型の行列で表される写像が関係しますから，消えてはいませんね．

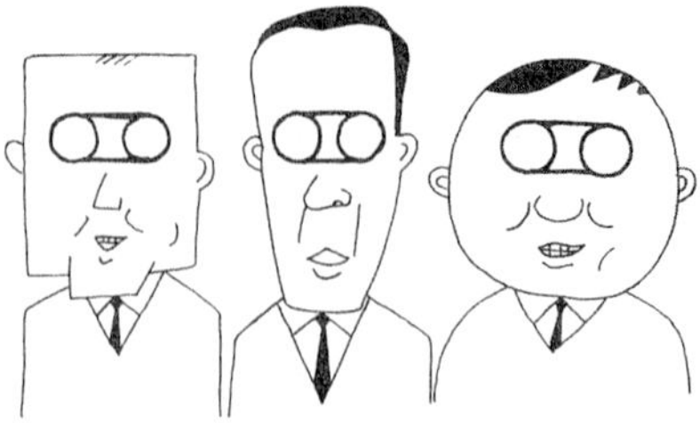

**六本松**　結局，この三つの問題は，それぞれの対象を含む線形空間を定義域にする，写像を通して考察される．

**箱崎**　三つの方法の共通点は，線形空間から線形空間への写像，ということですね．

**香椎**　もう一つ重要な共通点がある．

それは，次の機会に見よう．

# 13 線形写像の概念に到達する

今日こそは，線形代数の方法を確立しよう．
そのために，これまでの復習から始めよう．

## 第一の共通点

**箱崎**　三つの背景――微分方程式をめぐる問題・2次曲線をめぐる問題・連立1次方程式をめぐる問題――での方法の共通点を調べて，そこから線形代数の方法を導入しよう，としてるところです．
**六本松**　微分方程式

$$\frac{d^n y}{dx^n}+a_1\frac{d^{n-1}y}{dx^{n-1}}+\cdots+a_{n-1}\frac{dy}{dx}+a_n y=q(x)$$

をめぐる問題では，微分演算子

$$f(D)=D^n+a_1D^{n-1}+\cdots+a_{n-1}D+a_n$$

を使う．

これは，区間 $I$ で $n$ 回微分可能な実数値関数全体の集合 $L_1$ という実線形空間から，区間 $I$ で定義される実数値関数全体の集合 $L_2$ という実線形空間への，写像．

そして，問題の微分方程式をめぐる問題は，この $L_1$ から $L_2$ への写像 $f(D)$ を通してホンヤクできる．
**箱崎**　2次曲線をめぐる問題での方法は，座標軸の回転や平行移動で，それは $(2,2)$ 型とか $(2,1)$ 型とかの行列で表されます．

$(2,2)$ 型の行列は，初めの座標軸の原点を始点とする位置ベクトル全体の実線形空間 $M_2$ から，$M_2$ 自身への写像を表しています．$(2,1)$ 型の行列は，実線形空間 $M_2$ から，初めの座標軸を平行移動した新しい座標軸の原点を始点とする位置ベクトル全体の実線形

空間 $M_2'$ への，写像を表しています．

そして，2次曲線をめぐる問題は，これらの写像を通して，眺められます．

**六本松**　連立1次方程式

$$\begin{cases} a_{11}x_1+a_{12}x_2+\cdots+a_{1n}x_n=b_1 \\ a_{21}x_1+a_{22}x_2+\cdots+a_{2n}x_n=b_2 \\ \quad\cdots \qquad \cdots \qquad \cdots \\ a_{m1}x_1+a_{m2}x_2+\cdots+a_{mn}x_n=b_m \end{cases}$$

をめぐる問題では，$(m, n)$ 型の行列

$$A=\begin{pmatrix} a_{11} & a_{12} & \cdots & a_{1n} \\ a_{21} & a_{22} & \cdots & a_{2n} \\ \vdots & \vdots & & \vdots \\ a_{m1} & a_{m2} & \cdots & a_{mn} \end{pmatrix}$$

を使う．

これは $\boldsymbol{R}^n$ から $\boldsymbol{R}^m$ への写像を表していて，連立1次方程式をめぐる問題は，この写像を通してホンヤクできる．

**箱崎**　結局，三つの背景での方法の共通点は，線形空間から線形空間への写像，ということでした．

**六本松**　シのたまわく――もう一つある！

## 第二の共通点（一）

**香椎**　微分方程式

$$f(D)y=q(x)$$

の特別解を求める簡便法は，覚えているかね？

**箱崎**　$q(x)$ が指数関数の場合は，$f(a)\neq 0$ のときは，

$$\frac{1}{f(D)}e^{ax}=\frac{e^{ax}}{f(a)}$$

と，$f(D)$ の $D$ を $a$ に置き換えます．

**六本松**　$f(a)=0$ のときは，$f(D)$ を $D-a$ で割れるだけ割って，

$$f(D)=(D-a)^m g(D),\quad ただし，\quad g(a)\neq 0$$

となると，

$$\frac{1}{f(D)}e^{ax}=\frac{x^m e^{ax}}{m!\,g(a)}.$$

**箱崎**　$q(x)$ が多項式の場合は，$\dfrac{1}{f(D)}$ を $D$ の形式的な無限級数に展開して，$q(x)$ に掛けます．

**六本松**　$q(x)$ が正弦関数や余弦関数のときも簡便法がある，という話だったけど――そ

れはマダ.

**箱崎**　それから，$q(x)$ が多項式・指数関数・正弦関数・余弦関数の組み合わせで表される場合も簡便法があるということでしたが，どういう意味ですか？

**香椎**　それは，$q(x)$ が，それらの関数の和や積で表される場合だ．たとえば，

$$\frac{1}{f(D)}(e^{ax}+x+1)$$

の計算は？

**六本松**　えーと……,

$$\frac{1}{f(D)}e^{ax}+\frac{1}{f(D)}(x+1)$$

と分けて，さっきの簡便法を使う.

**香椎**　ソウ分けるのは，イイのかね？

**箱崎**　一般的に，

$$\frac{1}{f(D)}[q_1(x)+q_2(x)]=\frac{1}{f(D)}q_1(x)+\frac{1}{f(D)}q_2(x)$$

が問題ですが……

**六本松**
$$f(D)\left[\frac{1}{f(D)}q_1(x)+\frac{1}{f(D)}q_2(x)\right]=f(D)\left[\frac{1}{f(D)}q_1(x)\right]+f(D)\left[\frac{1}{f(D)}q_2(x)\right]$$
$$=q_1(x)+q_2(x)$$

だから，いい.

一般的に，$\frac{1}{f(D)}q(x)$ は $f(D)$ を掛けると $q(x)$ になる関数を表している，から.

**香椎**　微分演算子 $f(D)$ についての性質

$$f(D)(y_1+y_2)=f(D)y_1+f(D)y_2 \qquad (y_1, y_2\in L_1)$$

から，問題の簡便法が成り立つね.

**箱崎**　この性質は，微分方程式

$$\frac{d^ny}{dx^n}+p_1(x)\frac{d^{n-1}y}{dx^{n-1}}+\cdots+p_{n-1}(x)\frac{dy}{dx}+p_n(x)y=0$$

の解全体の集合が線形空間になるのを調べたときにも，出て来ましたね.

**香椎**　また，$c$ が実数のとき，

$$\frac{1}{f(D)}(ce^{ax})$$

の計算は？

**六本松**　これも，カンタン．$c$ と $\frac{1}{f(D)}e^{ax}$ の積に分けて，さっきの簡便法を使う.

**箱崎**　一般的に，

$$\frac{1}{f(D)}[cq(x)]=c\frac{1}{f(D)}q(x)$$

が問題ですが,

$$f(D)\left[c\frac{1}{f(D)}q(x)\right]=c\left[f(D)\left(\frac{1}{f(D)}q(x)\right)\right]$$
$$=cq(x)$$

で，大丈夫ですね.

**香椎**　微分演算子 $f(D)$ についての性質

$$f(D)(cy)=cf(D)y \qquad (c\in\boldsymbol{R},\ y\in L_1)$$

から，だね.

**箱崎**　この性質も，微分方程式

$$\frac{d^ny}{dx^n}+p_1(x)\frac{d^{n-1}y}{dx^{n-1}}+\cdots+p_{n-1}(x)\frac{dy}{dx}+p_n(x)y=0$$

の解全体の集合が線形空間になるのを調べたときに，出て来ましたね.

**六本松**　チョク·チョク お目にかかる.

**香椎**　微分演算子 $f(D)$ の，この二つの性質は，興味ぶかい.

**崎箱**　この外にも，$f(D)$ の性質はありますね．たとえば,

$$D(y_1y_2)=(Dy_1)y_2+y_1(Dy_2),$$
$$D^2(y_1y_2)=(D^2y_1)y_2+2(Dy_1)(Dy_2)+y_1(D^2y_2),$$

ですから，これを一般化して――$f(D)(y_1y_2)$ を展開した式を作るのも，面白そうですね.

**香椎**　作っても，当面の課題にとって，それは意味がない.

**箱崎**　どうして，ですか？

**香椎**　$f(D)$ は，実線形空間 $L_1$ から実線形空間 $L_2$ への写像，と捉えられたね.

実線形空間 $L_1$ や $L_2$ の，二つの算法は？

**箱崎**　関数同志の和と実数と関数の積ですが……

**香椎**　と，なると？

**六本松**　$L_1$ や $L_2$ のキメ手は，関数同志の和や実数と関数の積で，関数同志の積はオヨビでナイ.

だから，$f(D)(y_1y_2)$ を考えても，イミがナイ.

**香椎**　ソレもある.

また，第一の性質

$$f(D)(y_1+y_2)=f(D)y_1+f(D)y_2 \qquad (y_1,\ y_2\in L_1)$$

を，$L_1$ や $L_2$ の算法の立場で，眺めると？

**箱崎**　$y_1$ と $y_2$ の和の像は，$y_1$ の像と $y_2$ の像の和，になってますね.

**六本松**　つまり，$L_1$ の元の和は $L_2$ の元の和に写される！

**香椎**　写像 $f(D)$ は，第一の算法を保存する，という特徴があるね.

これに反して，関数の積は，$f(D)$ によって保存されない．

**箱崎** 一番簡単な，$f(D)=D$ という場合でも，

$$D(y_1y_2)=D(y_1)D(y_2)$$

は，一般的には，成立しませんね．

**六本松** そうすると，二番目の性質

$$f(D)(cy)=cf(D)y \qquad (c\in\boldsymbol{R},\ y\in L_1)$$

の特徴は——写像 $f(D)$ が二番目の算法を保存すること！

**箱崎** 二つの性質は，線形空間を決定する二つの算法を保存する，という意味で〈興味ぶかい〉んですね．

## 第二の共通点（二）

**香椎** 2次曲線をめぐる問題での，$M_2$ から $M_2$ への写像は，$f(D)$ と同じ性質を持つかね？

**箱崎** 原点Oのまわりの角 $\theta$ の回転は，ベクトルの和とかベクトルの実数倍を保存するか，ですね．

**六本松** つまり，二つの位置ベクトル $\overrightarrow{\mathrm{OP}}, \overrightarrow{\mathrm{OQ}}$ を原点 O のまわりに角 $\theta$ だけ回転したものを $\overrightarrow{\mathrm{OP'}}, \overrightarrow{\mathrm{OQ'}}$，それから

$$\overrightarrow{\mathrm{OP}}+\overrightarrow{\mathrm{OQ}}=\overrightarrow{\mathrm{OT}}, \quad \overrightarrow{\mathrm{OP'}}+\overrightarrow{\mathrm{OQ'}}=\overrightarrow{\mathrm{OT'}}$$

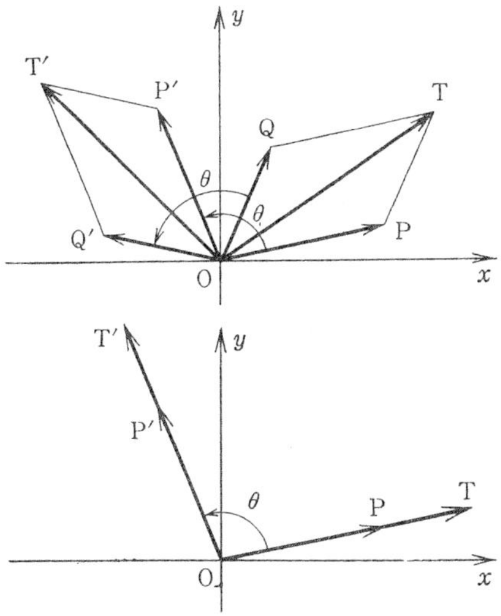

とすると，$\overrightarrow{\mathrm{OT}'}$ は $\overrightarrow{\mathrm{OT}}$ を原点 O のまわりに角 $\theta$ だけ回転したもの——が一番目の性質になるけど，これは明らか.

平行四辺形 OP′T′Q′ は平行四辺形 OPTQ を原点 O のまわりに角 $\theta$ だけ回転したもの，だから.

**箱崎** $c$ が実数で，

$$c\,\overrightarrow{\mathrm{OP}}=\overrightarrow{\mathrm{OT}},\quad c\,\overrightarrow{\mathrm{OP}'}=\overrightarrow{\mathrm{OT}'}$$

とすると，$\overrightarrow{\mathrm{OT}'}$ は $\overrightarrow{\mathrm{OT}}$ を原点 O のまわりに角 $\theta$ だけ回転したもの——が二番目の性質ですが，これも明らか，ですね.

$\overrightarrow{\mathrm{OP}}$ を $c$ 倍して回転するのと，$\overrightarrow{\mathrm{OP}}$ を回転して $c$ 倍するのは同じこと，ですから.

**香椎** $M_2$ から $M_2'$ への写像は？

**六本松** 一番目の性質は，二つのベクトル $\overrightarrow{\mathrm{OP}}$, $\overrightarrow{\mathrm{OQ}}$ を新しい座標軸の原点 O′ が始点になるように平行移動したのを $\overrightarrow{\mathrm{O'P'}}$, $\overrightarrow{\mathrm{O'Q'}}$，それから，

$$\overrightarrow{\mathrm{OP}}+\overrightarrow{\mathrm{OQ}}=\overrightarrow{\mathrm{OT}},\quad \overrightarrow{\mathrm{O'P'}}+\overrightarrow{\mathrm{O'Q'}}=\overrightarrow{\mathrm{O'T'}}$$

とすると，$\overrightarrow{\mathrm{O'T'}}$ は $\overrightarrow{\mathrm{OT}}$ を平行移動したもの——で，……

**箱崎** 二番目の性質は，$c$ が実数で，

$$c\,\overrightarrow{\mathrm{OP}}=\overrightarrow{\mathrm{OT}},\quad c\,\overrightarrow{\mathrm{O'P'}}=\overrightarrow{\mathrm{O'T'}}$$

とすると，$\overrightarrow{\mathrm{O'T'}}$ は $\overrightarrow{\mathrm{OT}}$ を平行移動したもの——ですが，二つとも明らかですね.

**六本松** ベクトルの和やベクトルの実数倍は平行移動しても変わらない，という性質そのものズバリ.

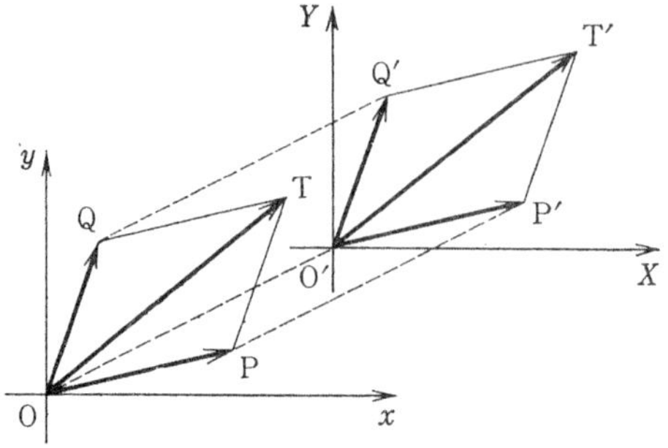

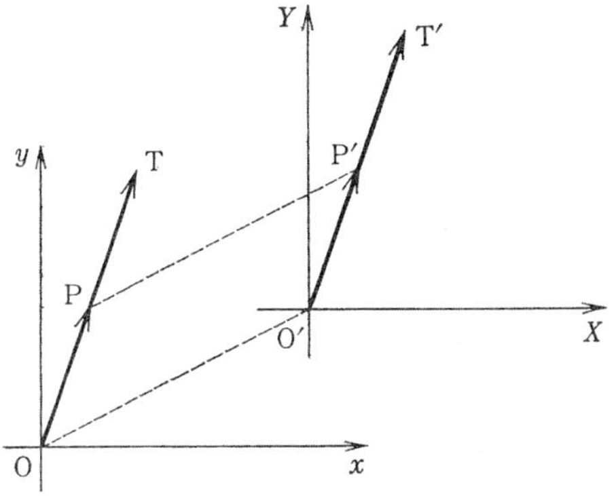


## 第二の共通点（三）

**香椎**　連立１次方程式をめぐる問題での，写像の場合は？

**箱崎**　$\boldsymbol{R}^n$ の元 $(x_1, x_2, \cdots, x_n)$ と $(x_1', x_2', \cdots, x_n')$ に対応する $\boldsymbol{R}^m$ の元を，それぞれ，$(y_1, y_2, \cdots, y_m)$，$(y_1', y_2', \cdots, y_m')$ とすると，

$$\begin{cases} y_1+y_1'=a_{11}(x_1+x_1')+a_{12}(x_2+x_2')+\cdots+a_{1n}(x_n+x_n') \\ y_2+y_2'=a_{21}(x_1+x_1')+a_{22}(x_2+x_2')+\cdots+a_{2n}(x_n+x_n') \\ \qquad\cdots \qquad\qquad\qquad \cdots \qquad\qquad\qquad \cdots \\ y_m+y_m'=a_{m1}(x_1+x_1')+a_{m2}(x_2+x_2')+\cdots+a_{mn}(x_n+x_n') \end{cases}$$

が成り立つ——というのが一番目の性質です．

$(x_1, x_2, \cdots, x_n)$ と $(x_1', x_2', \cdots, x_n')$ の和は $(x_1+x_1', x_2+x_2', \cdots, x_n+x_n')$ で，$(y_1, y_2, \cdots, y_m)$ と $(y_1', y_2', \cdots, y_m')$ の和は $(y_1+y_1', y_2+y_2', \cdots, y_m+y_m')$ ですから．

**六本松**　この性質は，二つの関係式

$$\begin{cases} y_1=a_{11}x_1+a_{12}x_2+\cdots+a_{1n}x_n \\ y_2=a_{21}x_1+a_{22}x_2+\cdots+a_{2n}x_n \\ \qquad\cdots \qquad \cdots \qquad \cdots \\ y_m=a_{m1}x_1+a_{m2}x_2+\cdots+a_{mn}x_n \end{cases}, \qquad \begin{cases} y_1'=a_{11}x_1'+a_{12}x_2'+\cdots+a_{1n}x_n' \\ y_2'=a_{21}x_1'+a_{22}x_2'+\cdots+a_{2n}x_n' \\ \qquad\cdots \qquad \cdots \qquad \cdots \\ y_m'=a_{m1}x_1'+a_{m2}x_2'+\cdots+a_{mn}x_n' \end{cases}$$

から，足すと，出て来る．

**崎箱**　二番目の性質は——実数 $c$ に対して，

$$\begin{cases} cy_1=a_{11}(cx_1)+a_{12}(cx_2)+\cdots+a_{1n}(cx_n) \\ cy_2=a_{21}(cx_1)+a_{22}(cx_2)+\cdots+a_{2n}(cx_n) \\ \qquad\cdots \qquad\qquad \cdots \qquad\qquad \cdots \\ cy_m=a_{m1}(cx_1)+a_{m2}(cx_2)+\cdots+a_{mn}(cx_n) \end{cases}$$

が成り立つ，です．

$c$ と $(x_1, x_2, \cdots, x_n)$ の積は $(cx_1, cx_2, \cdots, cx_n)$ で，$c$ と $(y_1, y_2, \cdots, y_m)$ の積は $(cy_1, cy_2, \cdots, cy_m)$ ですから.

**六本松**　この性質は，さっき書いた一番目の関係式から，$c$ を両辺に掛けると，出て来る.

**箱崎**　この二つの性質は，連立1次方程式

$$\begin{cases} a_{11}x_1+a_{12}x_2+\cdots+a_{1n}x_n=0 \\ a_{21}x_1+a_{22}x_2+\cdots+a_{2n}x_n=0 \\ \quad\cdots \qquad \cdots \qquad \cdots \\ a_{m1}x_1+a_{m2}x_2+\cdots+a_{mn}x_n=0 \end{cases}$$

の解全体の集合が線形空間になるのを調べたときにも，出て来ましたね.

**香椎**　問題の二つの性質を，行列 $A$ を使って，書くと？

**六本松**

$$A\left[\begin{pmatrix} x_1 \\ x_2 \\ \vdots \\ x_n \end{pmatrix}+\begin{pmatrix} x_1' \\ x_2' \\ \vdots \\ x_n' \end{pmatrix}\right]=A\begin{pmatrix} x_1 \\ x_2 \\ \vdots \\ x_n \end{pmatrix}+A\begin{pmatrix} x_1' \\ x_2' \\ \vdots \\ x_n' \end{pmatrix},\quad A\left[c\begin{pmatrix} x_1 \\ x_2 \\ \vdots \\ x_n \end{pmatrix}\right]=c\left[A\begin{pmatrix} x_1 \\ x_2 \\ \vdots \\ x_n \end{pmatrix}\right].$$

さっきの書き方とは，右辺と左辺を入れ換えてる，けど.

**箱崎**　$f(D)$ の場合と，同じ書き方に，したんですね.

**香椎**　行列を使うと，物事がスッキリ・ハッキリするね.

これが，記号の〈有難さ〉だね.

**六本松**　アア，アリガタや，有難ヤ.!

## 線形代数の方法

**香椎**　微分方程式をめぐる問題では，定係数のを中心に取り上げてきたが，一般な微分方程式

$$\frac{d^n y}{dx^n}+p_1(x)\frac{d^{n-1}y}{dx^{n-1}}+\cdots+p_{n-1}(x)\frac{dy}{dx}+p_n(x)y=q(x)$$

についても，同じ事がいえるね.

$p_1, \cdots, p_n, q$ は区間 $I$ で連続な $F$ の値をとる関数で，解は $F$ の値をとる関数で考える.

$F$ は，例によって，$\boldsymbol{R}$ と $\boldsymbol{C}$ とを代表する.

**箱崎**　いえますね.

この問題は――定係数のときと同じ文字を使うのは良くないんでしょうが――区間 $I$ で $n$ 回微分可能な $F$ の値をとる関数全体の $F$ 上の線形空間 $L_1$ から，区間 $I$ で定義される $F$ の値をとる関数全体の $F$ 上の線形空間 $L_2$ への写像

$$f: y \longmapsto \frac{d^n y}{dx^n}+p_1(x)\frac{d^{n-1}y}{dx^{n-1}}+\cdots+p_{n-1}(x)\frac{dy}{dx}+p_n(x)y \qquad (y\in L_1)$$

を通して，眺められますね.

そして，さっきも出て来たように，$f$ は線形空間 $L_1, L_2$ の二つの算法を保存します.

**六本松** ただ，二番目の性質で，$c$ は$F$の元. $F$が$\boldsymbol{C}$なら，$c$ は複素数になる点が違う.

**香椎** 連立1次方程式をめぐる問題でも……

**箱崎** 係数が複素数で，複素数の解を求める問題は，複素数を成分に持つ行列で表される，$\boldsymbol{C}^n$ から $\boldsymbol{C}^m$ への写像を通して，眺められますね.

この写像も二つの算法を保存しますね. 二番目の性質で，$c$ は複素数ですね.

**六本松** 結局，三つの背景での方法の共通点は，線形空間を決定する二つの算法を保存する，線形空間から線形空間への写像!

**香椎** このような写像は，線形空間を調べる上で，基本的な役割を果すことが分かってくる. そこで，名前が付いている.

$\boldsymbol{R}$ と $\boldsymbol{C}$ とを代表して，$F$で表す. $F$上の線形空間$V$から，$F$上の線形空間$W$への写像$f$が，二つの性質

$$(イ)\quad f(\alpha+\beta)=f(\alpha)+f(\beta) \qquad (\alpha, \beta\in V),$$
$$(ロ)\quad f(c\alpha)=cf(\alpha) \qquad (c\in F, \alpha\in V),$$

を持つとき，$f$ は$V$から$W$への線形写像と，よばれている.

**箱崎** 線形写像が線形代数の方法で，線形代数では，線形空間の性質を線形写像を通して調べるんですね.

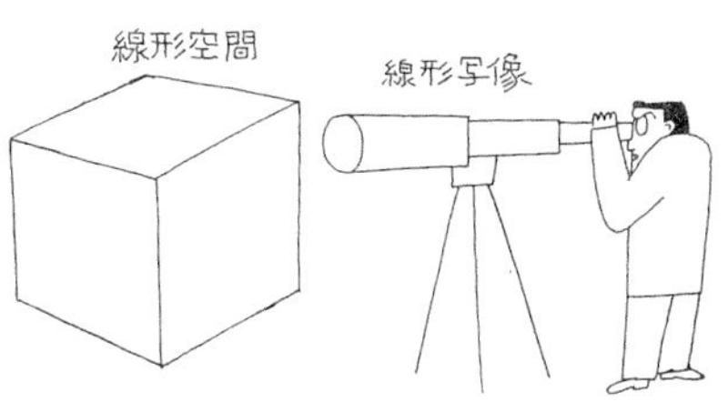


**六本松** 集合と写像!

**箱崎** 三つの方法の共通点を見つけたのも，〈集合と写像〉という考えからでしたね.

これが，現代数学の特徴ですね.

**香椎** とはいっても，前世紀の遺物だがね.

# 14 写像の線形性を探る

線形代数の方法は，〈線形写像〉とよばれるもの，だったね．

今日は，いくつかの分野における手法を取り上げ，線形写像か調べてみよう．

## 線　形　写　像

**香椎**　線形写像とは？

**箱崎**　$\boldsymbol{R}$ と $\boldsymbol{C}$ とを代表して，$F$ で表します．$V, W$ は，それぞれ，$F$ 上の線形空間とします．

$V$ から $W$ への写像 $f$ が，

$$（イ）\quad f(\alpha+\beta)=f(\alpha)+f(\beta) \qquad (\alpha, \beta\in V)$$

$$（ロ）\quad f(c\alpha)=cf(\alpha) \qquad (c\in F,\ \alpha\in V),$$

という二つの性質を持つとき，$f$ を $V$ から $W$ への線形写像といいます．

**六本松**　線形空間の二つの算法を保存する写像という，この性質は，三つの背景――微分方程式をめぐる問題・2次曲線をめぐる問題・連立1次方程式をめぐる問題――での方法の，共通点だった．

**箱崎**　$p_1, \cdots, p_n$，$q$ が区間 $I$ で連続な $F$ の値をとる関数のとき，微分方程式

$$\frac{d^n y}{dx^n}+p_1(x)\frac{d^{n-1}y}{dx^{n-1}}+\cdots+p_{n-1}(x)\frac{dy}{dx}+p_n(x)y=q(x)$$

の，区間 $I$ で定義される $F$ の値をとる解を求める問題は，

$$f:\ y \mapsto \frac{d^n y}{dx^n}+p_1(x)\frac{d^{n-1}y}{dx^{n-1}}+\cdots+p_{n-1}(x)\frac{dy}{dx}+p_n(x)y$$

という対応できまる，区間 $I$ で $n$ 回微分可能な $F$ の値をとる関数全体の $F$ 上の線形空間 $L_1$ から，区間 $I$ で定義される $F$ の値をとる関数全体の $F$ 上の線形空間 $L_2$ への写像を通

して眺められますが，この $f$ は，$L_1$ から $L_2$ への線形写像でした．

**六本松** 2次曲線をめぐる問題で使う，座標軸の回転という方法は，座標軸の原点を始点とする位置ベクトル全体の実線形空間 $M_2$ から $M_2$ 自身への線形写像．

それから，座標軸の平行移動という方法は，$M_2$ から，初めの座標軸を平行移動した新しい座標軸の原点を始点とする位置ベクトル全体の実線形空間 $M_2'$ への，線形写像．

**箱崎** 係数 $a_{ij}$ や定数項 $b_k$ が $F$ の元のとき，連立1次方程式

$$\begin{pmatrix} a_{11} & a_{12} & \cdots & a_{1n} \\ a_{21} & a_{22} & \cdots & a_{2n} \\ \vdots & \vdots & & \vdots \\ a_{m1} & a_{m2} & \cdots & a_{mn} \end{pmatrix}\begin{pmatrix} x_1 \\ x_2 \\ \vdots \\ x_n \end{pmatrix}=\begin{pmatrix} b_1 \\ b_2 \\ \vdots \\ b_m \end{pmatrix}$$

の，$F$ の元の解を求める問題は，$F^n$ から $F^m$ への写像

$$f:\begin{pmatrix} x_1 \\ x_2 \\ \vdots \\ x_n \end{pmatrix}\mapsto\begin{pmatrix} a_{11} & a_{12} & \cdots & a_{1n} \\ a_{21} & a_{22} & \cdots & a_{2n} \\ \vdots & \vdots & & \vdots \\ a_{m1} & a_{m2} & \cdots & a_{mn} \end{pmatrix}\begin{pmatrix} x_1 \\ x_2 \\ \vdots \\ x_n \end{pmatrix}$$

を通して眺められますが，この $f$ も，$F^n$ から $F^m$ への線形写像でした．

線形写像は，この外にも，あるんですね．

**六本松** オーアリ名古屋のコンコンチキ！

## 微分と積分

**香椎** 微積分での，〈関数を微分する〉という手法は，線形写像だね．

**六本松** 微分方程式をめぐる問題に出て来る写像の，特別な場合．

**箱崎** もう一度，繰り返しますと――区間 $I$ で微分可能な実数値関数全体の実線形空間 $L_1$ から，区間 $I$ で定義される実数値関数全体の実線形空間 $L_2$ への写像

$$f: y \mapsto y'$$

と捉えられて，これは $L_1$ から $L_2$ への線形写像です．

$$(y_1+y_2)'=y_1'+y_2' \qquad (y_1, y_2\in L_1),$$
$$(cy)'=cy' \qquad (c\in \boldsymbol{R},\ y\in L_1),$$

という，導関数の性質から，明らかです．

**六本松** この性質を，いい換えたダケ．

**香椎** 〈関数を積分する〉という手法は？

**箱崎** 区間 $I$ で連続な関数 $g(x)$ から，$I$ で定義される関数 $\int g(x)dx$ を作るんですから――区間 $I$ で連続な実数値関数全体の実線形空間 $L_1'$ から，区間 $I$ で定義される実数値関数全体の実線形空間 $L_2$ への写像

$$f_1:\ g(x)\ \mapsto\ \int g(x)dx$$

と捉えられて，これも $L_1'$ から $L_2$ への線形写像ですね.

$$\int(g(x)+h(x))dx=\int g(x)dx+\int h(x)dx \qquad (g,h\in L_1'),$$

$$\int(cg(x))dx=c\int g(x)dx \qquad (c\in\boldsymbol{R},\ g\in L_1'),$$

が成り立ちますから.

**六本松**　ソウかな. ——$g$ に対して，$g$ の不定積分，つまり，原始関数はタダ一つじゃない. 無数にある. だから，$f_1$ という対応は，$L_1'$ から $L_2$ への写像じゃナイ！

**香椎**　その通りだね.

**箱崎**　〈不定積分〉は線形写像にならないんですね. でも，〈定積分〉なら，なりそうですね.

$I$ を閉区間 $[a, b]$ とすると，$g$ の $a$ から $b$ までの定積分は，$g$ に対して，タダ一つ定まる実数ですから，

$$f_2:\ g(x)\ \mapsto\ \int_a^b g(x)dx \qquad (g\in L_1')$$

は，実線形空間 $L_1'$ から実線形空間 $\boldsymbol{R}$ への写像で，

$$\int_a^b(g(x)+h(x))dx=\int_a^b g(x)dx+\int_a^b h(x)dx \qquad (g,h\in L_1'),$$

$$\int_a^b(cg(x))dx=c\int_a^b g(x)dx \qquad (c\in\boldsymbol{R},\ g\in L_1'),$$

が成り立つので，$f_2$ は $L_1'$ から $\boldsymbol{R}$ への線形写像です.

## 内　　積

**香椎**　二つのベクトルの〈内積を作る〉という手法を，調べてみよう.

平面上に直交座標系を取る. その原点Oを始点とする，位置ベクトル全体の実線形空間 $M_2$ で考えよう.

$M_2$ に属する一つのベクトル $\overrightarrow{\mathrm{OQ}}$ を固定して，$M_2$ に属する任意のベクトル $\overrightarrow{\mathrm{OP}}$ との内積を作ると？

**箱崎**　$\overrightarrow{\mathrm{OP}}$ に対して，内積 $\overrightarrow{\mathrm{OQ}}\cdot\overrightarrow{\mathrm{OP}}$ はタダ一つ定まる実数ですから，

$$f_3:\ \overrightarrow{\mathrm{OP}}\ \mapsto\ \overrightarrow{\mathrm{OQ}}\cdot\overrightarrow{\mathrm{OP}} \qquad (\overrightarrow{\mathrm{OP}}\in M_2)$$

は，実線形空間 $M_2$ から実線形空間 $\boldsymbol{R}$ への写像です.

**六本松**　これが線形写像かどうかだけど……線形写像.

$\overrightarrow{\mathrm{OP}_1},\ \overrightarrow{\mathrm{OP}_2}\in M_2$ のとき

$$\begin{aligned} f_3(\overrightarrow{\mathrm{OP}_1}+\overrightarrow{\mathrm{OP}_2}) &= \overrightarrow{\mathrm{OQ}}\cdot(\overrightarrow{\mathrm{OP}_1}+\overrightarrow{\mathrm{OP}_2}) \\ &= \overrightarrow{\mathrm{OQ}}\cdot\overrightarrow{\mathrm{OP}_1}+\overrightarrow{\mathrm{OQ}}\cdot\overrightarrow{\mathrm{OP}_2} \\ &= f_3(\overrightarrow{\mathrm{OP}_1})+f_3(\overrightarrow{\mathrm{OP}_2}). \end{aligned}$$

**箱崎**　それから，$c\in\boldsymbol{R}$, $\overrightarrow{\mathrm{OP}}\in M_2$ のとき

$$\begin{aligned} f_3(c\,\overrightarrow{\mathrm{OP}}) &= \overrightarrow{\mathrm{OQ}}\cdot(c\,\overrightarrow{\mathrm{OP}}) \\ &= c(\overrightarrow{\mathrm{OQ}}\cdot\overrightarrow{\mathrm{OP}}) \\ &= cf_3(\overrightarrow{\mathrm{OP}}) \end{aligned}$$

ですから，線形写像です．

**六本松**　内積の性質から，明らか．

## 文字の置き換え

**香椎**　高次の代数方程式の理論では，対称式が重要となる．

**箱崎**　対称式？

**香椎**　たとえば，二つの文字 $x, y$ の整式 $P(x, y)$ で，$x$ と $y$ とを置き換える……

**六本松**　置き換えて出来る整式 $P(y, x)$ が，もとの整式と同じになるとき，つまり，

$$P(y, x)=P(x, y)$$

のとき，$P$ は対称式．

**箱崎**　そうすると，

$$x^2+3xy+y^2+5$$

は対称式で，

$$x^2+2xy+3y^2$$

は対称式ではナイんですね．

**香椎**　対称式の判定での，〈文字の置き換え〉という手法を，調べてみよう．

文字 $x, y$ の複素係数の整式全体の集合は，$\boldsymbol{C}[x, y]$ で表す習慣だ．

**箱崎**　これは複素線形空間ですね．整式同志のフツウの和と，複素数と整式のフツウの積に関して．

**六本松**　〈写像の線形空間〉の特別な場合．

**箱崎**　$\boldsymbol{C}[x, y]$ に属する整式 $P(x, y)$ から，$\boldsymbol{C}[x, y]$ に属する整式 $P(y, x)$ を作るんですから，〈文字の置き換え〉は——複素線形空間 $\boldsymbol{C}[x, y]$ から自分自身への写像

$$f_4:\ P(x, y)\mapsto P(y, x)\qquad (P(x, y)\in\boldsymbol{C}[x, y])$$

と捉えられますね．

**六本松**　これも線形写像．

二つの整式を足して $x$ と $y$ を入れ換えるのと，それぞれの整式で $x$ と $y$ を入れ換えてか

ら足すのは同じ，つまり，$P_1(x, y)$, $P_2(x, y)\in \boldsymbol{C}[x, y]$ のとき，

$$f_4(P_1(x, y)+P_2(x, y))=P_1(y, x)+P_2(y, x)$$
$$=f_4(P_1(x, y))+f_4(P_2(x, y)).$$

**箱崎**　それから，係数を何倍かして $x$ と $y$ を入れ換えても，$x$ と $y$ を入れ換えてから係数を何倍かしても同じ，つまり，$c\in\boldsymbol{C}$, $P(x, y)\in\boldsymbol{C}[x, y]$ のとき

$$f_4(cP(x, y))=cP(y, x)$$
$$=cf_4(P(x, y)),$$

ですから．

## 数列の項の比較

**香椎**　実数列 $\{a_n\}$ の一般項を求める問題を，取り上げよう．

この問題での，基本的手法は？

**箱崎**　えーと……，隣り合ってる二つの項を比べること，です．

**六本松**　差が一定なら，等差数列．

**箱崎**　比が一定なら，等比数列です．

**香椎**　この手法は……

**箱崎**　$a_n$ に $a_{n+1}$ を対応させること，ですね．

**香椎**　実数列全体の実線形空間 $V$ で，眺めると？

**六本松**　$n$ を 1, 2, 3, … と変えながら，$a_n$ に $a_{n+1}$ を対応させるんだから，

$$\begin{array}{ccc} a_1 & \mapsto & a_2 \\ a_2 & \mapsto & a_3 \\ a_3 & \mapsto & a_4 \\ & \vdots & \\ a_n & \mapsto & a_{n+1} \\ & \vdots & \end{array}$$

で――左側の $a_n$ を第 $n$ 項に持つ数列に，右側の $a_{n+1}$ を第 $n$ 項に持つ数列が対応する！

**箱崎**　つまり，$V$ から $V$ への写像

$$f_5:\ \{a_n\}\ \mapsto\ \{a_{n+1}\}$$

と，捉えられますね．

**六本松**　これも，明らかに，線形写像．

**箱崎**　この写像は，数列 $\{a_n\}$ から，その各項を一つずつずらした数列を作り出すこと，なんですからね．

**六本松**　チャント計算すると，$\{a_n\}$, $\{b_n\}\in V$ のとき，

$$
\begin{aligned}
f_5(\{a_n\}+\{b_n\}) &= f_5(\{a_n+b_n\}) \\
&= \{a_{n+1}+b_{n+1}\} \\
&= \{a_{n+1}\}+\{b_{n+1}\} \\
&= f_5(\{a_n\})+f_5(\{b_n\}).
\end{aligned}
$$

$c\in \boldsymbol{R}$, $\{a_n\}\in V$ のとき,

$$
\begin{aligned}
f_5(c\{a_n\}) &= f_5(\{ca_n\}) \\
&= \{ca_{n+1}\} \\
&= c\{a_{n+1}\} \\
&= cf_5(\{a_n\}).
\end{aligned}
$$

## グラフの平行移動

**香椎**　実数列は，実数値関数の一種だね.

**箱崎**　実数列 $\{a_n\}$ は,

$$g:\ n\mapsto a_n \qquad (n\in \boldsymbol{N})$$

という，自然数全体の集合 $\boldsymbol{N}$ を定義域とする，実数値関数です.

**香椎**　そこで，$\{a_n\}$ に $\{a_{n+1}\}$ を対応させる写像は，$\boldsymbol{R}$ を定義域とする実数値関数全体の実線形空間$L$へと，一般化されるね.

**六本松**　$\{a_n\}$ に対応する $\{a_{n+1}\}$ は，対応

$$n\mapsto a_{n+1} \qquad (n\in \boldsymbol{N})$$

で決まる関数で，$\{a_n\}$ を表す関数記号 $g$ を使うと，$a_{n+1}$ は $g(n+1)$ だから——$\{a_n\}$ に $\{a_{n+1}\}$ を対応させるのは，関数 $g$ に

$$g_1:\ n\mapsto g(n+1) \qquad (n\in \boldsymbol{N})$$

という関数を対応させること.

**箱崎**　それで，同じ記号を使うと，$L$に属する関数 $g$ に，$L$に属する関数

$$g_1:\ x\mapsto g(x+1) \qquad (x\in \boldsymbol{R})$$

を対応させる，$L$から$L$への写像

$$f_6:\ g\mapsto g_1 \qquad (g\in L)$$

に，一般化されますね.

**六本松**　これも，$L$から$L$への線形写像.

計算してもイイけど，幾何学的に考えると明らか. ——$y=g_1(x)$，つまり，$y=g(x+1)$ のグラフは $y=g(x)$ のグラフをヨコ軸と平行に $-1$ だけ平行移動したもので，問題の写像はグラフの平行移動を表してるから.

**箱崎**　数列の隣り合ってる項を比べるのは，グラフの平行移動だったんですね.

## 正　射　影

**香椎**　ベクトルの〈正射影を作る〉という手法を，調べてみよう．

空間に直交座標系を取る．その原点Oを始点とする位置ベクトル全体の実線形空間を $M_3$ とする．

$M_3$ に属するベクトルを $xy$–平面上へ正射影すると？

**箱崎**　$M_3$ に属するベクトル $\overrightarrow{\mathrm{OP}}$ の終点 P から $xy$–平面へ下した垂線の足を P′ とすると，ベクトル $\overrightarrow{\mathrm{OP'}}$ が，$\overrightarrow{\mathrm{OP}}$ の正射影ですから，

$$f_7 : \overrightarrow{\mathrm{OP}} \mapsto \overrightarrow{\mathrm{OP'}}$$

という，$M_3$ から $M_3$ への写像です．

**六本松**　これも線形写像．幾何学的に明らか．

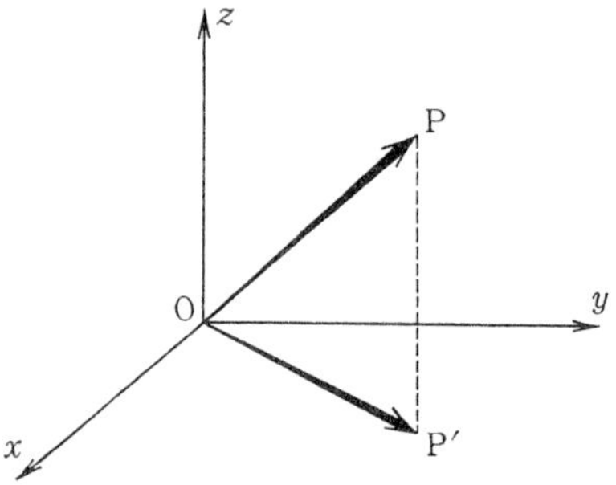


**香椎**　正射影を一般化した平行射影や，一点からの射影，いわゆる，中心射影を総称して，射影変換というね．

射影変換によって変わらない，図形の性質を調べる幾何学は？

**六本松**　射影幾何学．

**香椎**　射影空間の射影変換は，射影空間の点を同次座標で表すとき，各座標の同次１次式で与えられる．

連立１次方程式に現れる，１次変換のように．

**箱崎**　そうすると，線形写像ですね．

**香椎**　射影幾何学は，線形代数の背景の一つ，でもある．数学全般の発展にとっても，重要なものだ．

**箱崎**　よくは分かりませんが，タイヘンな幾何学のようですね．

**香椎**　“Projective geometry is all geometry” と，いった人もいる．

**箱崎**　〈射影幾何学は幾何学のすべて〉ですね．

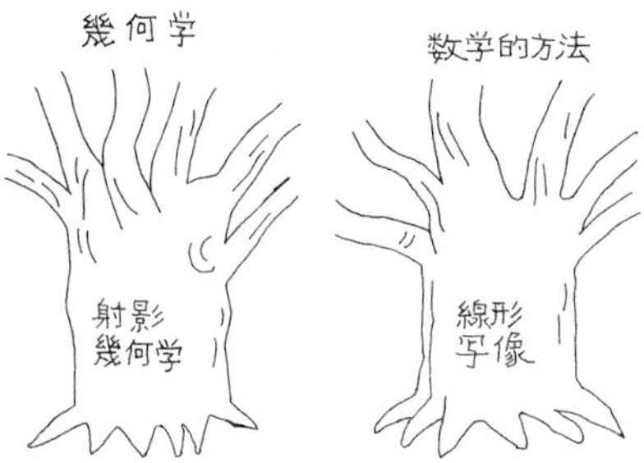


**六本松**　それじゃ——線形写像は数学的方法のすべて！

# 15 線形写像の周辺を散策する

線形代数とは，線形空間の性質を線形写像を通して調べる数学，だったね．
今日は，線形写像の周辺を散策しよう．

## 線形写像についての注意

**香椎**　線形写像とは？

**箱崎**　$\boldsymbol{R}$ と $\boldsymbol{C}$ とを代表して，$F$で表します．

$F$上の線形空間$V$から$F$上の線形空間$W$への写像$f$が，二つの性質

$$（イ）\quad f(\alpha+\beta)=f(\alpha)+f(\beta) \qquad (\alpha,\ \beta\in V),$$

$$（ロ）\quad f(c\alpha)=cf(\alpha) \qquad (c\in F,\ \alpha\in V),$$

を持つとき，$f$を$V$から$W$への線形写像といいます．

**香椎**　代数学一般の用語では，$f$を$V$から$W$への準同型写像ともいう．

**箱崎**　いろんな名前があるんですね．

**香椎**　名前を知ることも大切だが……

**六本松**　〈本人自身〉を知ることが，もっと大切！

**香椎**　本人自身を知っているかどうか――テストしよう．

通常の和と積とに関して，$\boldsymbol{R}$ は $\boldsymbol{R}$ 上の線形空間，$\boldsymbol{C}$ は $\boldsymbol{C}$ 上の線形空間だったね．このとき，写像

$$f:\ \alpha\ \mapsto\ 15\alpha \qquad (\alpha\in\boldsymbol{R})$$

は，$\boldsymbol{R}$ から $\boldsymbol{C}$ への線形写像かね．

**箱崎**　$\alpha$が実数のとき，$15\alpha$ も実数でトウゼン $\boldsymbol{C}$ の元ですから，この$f$は $\boldsymbol{R}$ から $\boldsymbol{C}$ への写像です．

そして，（イ）と（ロ）は，明らかに，成り立ちます．ですから，線形写像です．

**六本松**　チョイとお待ちなすって，おくんなまし．

$V$が$\boldsymbol{R}$，$W$が$\boldsymbol{C}$の場合だから，(イ)と(ロ)の$V$は$\boldsymbol{R}$で，(イ)を確かめるのは問題ない．

でも，(ロ)の$F$は，$V$では$\boldsymbol{R}$，$W$では$\boldsymbol{C}$とフラフラ変わるんで，(ロ)はドッチの$F$で確かめるんだろ？

**箱崎**　左辺の$\langle c\alpha\rangle$は，$\boldsymbol{R}$上の線形空間$\boldsymbol{R}$での積ですから，$F$を$\boldsymbol{R}$として計算して，明らかと考えたんですが――いけませんか．

**香椎**　線形空間や部分空間の定義での，$F$は？

**箱崎**　$\boldsymbol{R}$か$\boldsymbol{C}$のドッチか一方でした……線形写像の定義でも，ソウなんですか．

**香椎**　その通りだね．

**六本松**　だったら，この$f$は線形写像じゃナイ．

**箱崎**　複素数同志のフツウの和と，実数と複素数のフツウの積に関して，$\boldsymbol{C}$は$\boldsymbol{R}$上の線形空間ですから，このときは，$f: \alpha\mapsto 15\alpha$ $(\alpha\in\boldsymbol{R})$は，$\boldsymbol{R}$上の線形空間$\boldsymbol{R}$から，$\boldsymbol{R}$上の線形空間$\boldsymbol{C}$への，線形写像ですね．

**香椎**　正の実数全体の集合$\boldsymbol{R}^+$から$\boldsymbol{R}$への写像

$$f:\ \alpha\ \mapsto\ \log\alpha \qquad (\alpha\in\boldsymbol{R}^+)$$

は，どうかね？

**六本松**　$\boldsymbol{R}^+$は，何時か調べたように，$\boldsymbol{R}$上の線形空間で，$\boldsymbol{R}$は，今の意味で，$\boldsymbol{R}$上の線形空間だから，$F$が$\boldsymbol{R}$の場合．

**箱崎**　でも，$\alpha, \beta$が正数のとき，

$$f(\alpha+\beta)=\log(\alpha+\beta),\quad f(\alpha)+f(\beta)=\log\alpha+\log\beta$$

で，一般的に，

$$\log(\alpha+\beta)\neq\log\alpha+\log\beta$$

ですから，(イ)が成り立たないので，この$f$は線形写像ではありませんね．

**六本松**　ソウかな．

左辺の和と積は$V$での和と積で，右辺の和と積は$W$での和と積．

今の場合は，$V$は$\boldsymbol{R}^+$，$W$は$\boldsymbol{R}$で――$\boldsymbol{R}^+$の和はフツウの積，$\boldsymbol{R}^+$の積はフツウの累乗だったから――$\alpha, \beta\in\boldsymbol{R}^+$のとき，

$$f(\alpha+\beta)=\log(\alpha\beta)=\log\alpha+\log\beta=f(\alpha)+f(\beta)$$

で，(イ)は成り立つ．

それから，$c\in\boldsymbol{R}$，$\alpha\in\boldsymbol{R}^+$のとき，

$$f(c\alpha)=\log(\alpha^c)=c\log\alpha=cf(\alpha)$$

で，(ロ)も成り立つ．――だから，$f$は線形写像．

**箱崎**　ウッカリでした．

**香椎**　二つの性質で，左辺では$V$の算法，右辺では$W$の算法という点をウッカリしやすい．

ところ変われば品変わる

**六本松** 和と積を表すのに，両辺とも，同じ記号で間に合わせてるから，イケナイ.

本当は，

$$(イ)\quad f(\alpha\oplus\beta)=f(\alpha)\boxplus f(\beta) \qquad (\alpha,\ \beta\in V),$$

$$(ロ)\quad f(c\circ\alpha)=c\Box f(\alpha) \qquad (c\in F,\ \alpha\in V),$$

のように，違う記号を使わないと!

## 減法の保存性

**香椎** 線形写像の特徴は，和・積 という，線形空間を規定する二つの算法を保存すること，だったね.

線形空間には，この二つの外に，もう一つ算法があるね.

**六本松** 引き算.

**香椎** 線形写像は，引き算を保存するかね？

**箱崎** $f$ が $F$ 上の線形空間 $V$ から $F$ 上の線形空間 $W$ への線形写像のとき，

$$f(\alpha-\beta)=f(\alpha)-f(\beta) \qquad (\alpha,\ \beta\in V)$$

が成り立つ――か，どうかですね.

**六本松** 足し算を保存するんだから，逆の引き算も保存するハズ.

$\alpha-\beta$ は $\alpha+(-\beta)$ のことだから，(イ)から

$$\begin{aligned} f(\alpha-\beta)&=f(\alpha+(-\beta))\\ &=f(\alpha)+f(-\beta). \end{aligned}$$

それから，$-\beta$ は $(-1)\beta$ と同じだから，(ロ)から

$$\begin{aligned} f(\alpha-\beta)&=f(\alpha)+f((-1)\beta)\\ &=f(\alpha)+(-1)f(\beta) \end{aligned}$$

で，もう一度，$(-1)f(\beta)$ は $-f(\beta)$ を使って，

$$=f(\alpha)+(-f(\beta))$$
$$=f(\alpha)-f(\beta)$$

で，$f$ は引き算を保存する．

**香椎**　六本松君の計算から分かるように，とくに，

$$f(-\beta)=-f(\beta) \qquad (\beta\in V)$$

だね．

**箱崎**　$\beta$ の逆元は，$f(\beta)$ の逆元に写される，つまり，$f$ は逆元を保存しますね．

**香椎**

$$f(\alpha-\beta)=f(\alpha)-f(\beta)$$

で，$\alpha$ と $\beta$ とが同じ場合を考えると？

**六本松**

$$f(\mathbf{0})=\mathbf{0}$$

で，$V$ の零元は$W$の零元に写される．つまり，$f$ は零元を保存する．

**箱崎**　$f$ が引き算を保存するという性質は，結局，引き算の定義と，

$$f(c\alpha+d\beta)=cf(\alpha)+df(\beta) \qquad (c, d\in F,\ \alpha, \beta\in V)$$

とから，導かれましたね．

**香椎**　この性質は，もっと一般化されるね．

**箱崎**　$F$に属する$m$個の元 $c_1, c_2, \cdots, c_m$ と，$V$ に属する$m$個の元 $\alpha_1, \alpha_2, \cdots, \alpha_m$ に対して，

$$f(c_1\alpha_1+c_2\alpha_2+\cdots+c_m\alpha_m)=c_1f(\alpha_1)+c_2f(\alpha_2)+\cdots+c_mf(\alpha_m),$$

です．

**六本松**　証明はカンタン．$m=2$ の場合に帰着されるから．

たとえば，$m$が3のときは，

$$\begin{aligned}f(c_1\alpha_1+c_2\alpha_2+c_3\alpha_3)&=f(c_1\alpha_1)+f(c_2\alpha_2+c_3\alpha_3)\\&=c_1f(\alpha_1)+c_2f(\alpha_2)+c_3f(\alpha_3).\end{aligned}$$

**箱崎**　$m$が4以上のときも，同じ要領ですね．

## 像　と　核

**香椎**　線形写像の故郷に帰ると――$p_1, p_2, \cdots, p_n$，$q$ が区間$I$で連続な実数値関数のとき，微分方程式

$$\frac{d^ny}{dx^n}+p_1(x)\frac{d^{n-1}y}{dx^{n-1}}+\cdots+p_{n-1}(x)\frac{dy}{dx}+p_n(x)y=q(x)$$

の，区間$I$で定義される実数値関数の解を求める問題は，区間$I$で $n$ 回微分可能な実数値関数全体の実線形空間 $L_1$ から，区間$I$で定義される実数値関数全体の実線形空間 $L_2$ への線形写像

$$f: y \mapsto \frac{d^n y}{dx^n} + p_1(x)\frac{d^{n-1}y}{dx^{n-1}} + \cdots + p_{n-1}(x)\frac{dy}{dx} + p_n(x)y \qquad (y \in L_1)$$

を通して，眺められたね.

**六本松** 解が存在するかどうかは，$L_1$ の $f$ による像

$$f(L_1) = \{f(y) \mid y \in L_1\}$$

に，$q$ が属するかどうか，ということ.

**箱崎** 解がただ一つかどうかは，$L_2$ の零元，つまり，区間 $I$ で恒等的に零な関数 0 の $f$ による逆像

$$f^{-1}(0) = \{y \in L_1 \mid f(y) = 0\}$$

が，$L_1$ の零元つまり関数 0 だけを含むかどうか，でした.

問題の微分方程式の解は，その一つの解と，微分方程式

$$f(y) = 0$$

の勝手な解の和で表されますから.

**香椎** $a_{ij}, b_k$ が実数のとき，連立 1 次方程式

$$\begin{pmatrix} a_{11} & a_{12} & \cdots & a_{1n} \\ a_{21} & a_{22} & \cdots & a_{2n} \\ \vdots & \vdots & & \vdots \\ a_{m1} & a_{m2} & \cdots & a_{mn} \end{pmatrix} \begin{pmatrix} x_1 \\ x_2 \\ \vdots \\ x_n \end{pmatrix} = \begin{pmatrix} b_1 \\ b_2 \\ \vdots \\ b_m \end{pmatrix}$$

の実数解を求める問題は……

**箱崎** 係数の行列を $A$ と書くと，$A$ で表される線形写像，つまり，$\boldsymbol{R}^n$ の元 $(x_1, x_2, \cdots, x_n)$ に，

$$A\begin{pmatrix} x_1 \\ x_2 \\ \vdots \\ x_n \end{pmatrix} = \begin{pmatrix} y_1 \\ y_2 \\ \vdots \\ y_m \end{pmatrix}$$

という関係で決まる，$\boldsymbol{R}^m$ の元 $(y_1, y_2, \cdots, y_m)$ を対応させる，$\boldsymbol{R}^n$ から $\boldsymbol{R}^m$ への線形写像 $f_A$ を通して眺められます.

**六本松** 解が存在するかどうかは，$\boldsymbol{R}^n$ の $f_A$ による像 $f_A(\boldsymbol{R}^n)$ に，$\boldsymbol{R}^m$ の元$(b_1, b_2, \cdots, b_m)$ が属するかどうか，ということ.

**箱崎** 解がただ一つかどうかは，$\boldsymbol{R}^m$ の零元 $(0, 0, \cdots, 0)$ の $f_A$ による逆像

$$f^{-1}((0, 0, \cdots, 0)) = \left\{(x_1, x_2, \cdots, x_n) \in \boldsymbol{R}^n \,\middle|\, A\begin{pmatrix} x_1 \\ x_2 \\ \vdots \\ x_n \end{pmatrix} = \begin{pmatrix} 0 \\ 0 \\ \vdots \\ 0 \end{pmatrix}\right\}$$

が，$\boldsymbol{R}^n$ の零元（0, 0, …, 0）だけを含むかどうか，でした．

問題の連立1次方程式の解は，その一つの解と，連立1次方程式

$$A\begin{pmatrix} x_1 \\ x_2 \\ \vdots \\ x_n \end{pmatrix}=\begin{pmatrix} 0 \\ 0 \\ \vdots \\ 0 \end{pmatrix}$$

の勝手な解との和で表されますから．

**香椎**　このように，定義域の像や，零元の逆像は重要な意味を持つね．

そこで，記号と名前とが用意されている．

一般に，$f$ は，$F$ 上の線形空間 $V$ から $F$ 上の線形空間 $W$ への，線形写像とする．$V$ の $f$ による像は $\mathrm{Im} f$ と書く習慣だ．

**六本松**　つまり，

$$\mathrm{Im} f=f(V)=\{f(\alpha) \mid \alpha \in V\}.$$

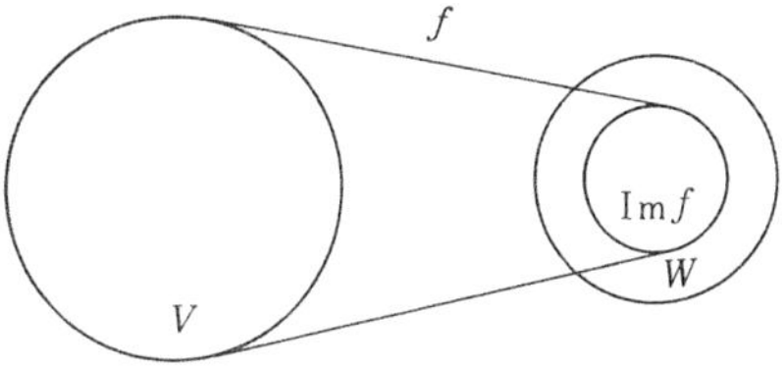


**箱崎**　複素数の虚数部分の書き方と同じ，ですね．

**香椎**　ソレは，imaginary part の略で……

**六本松**　コレは，image の略．

**香椎**　$W$ の零元 $\mathbf{0}$ の $f$ による逆像は，$f$ の核とよばれ，$\mathrm{Ker} f$ と書く習慣だ．

**六本松**　つまり，

$$\mathrm{Ker} f=f^{-1}(\mathbf{0})=\{\alpha \in V \mid f(\alpha)=\mathbf{0}\}.$$

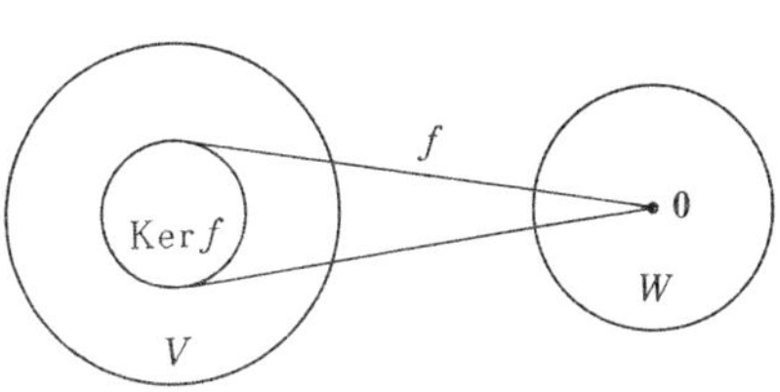


**箱崎**　何の略ですか．

**香椎** kernel の略だね.

**六本松** 微分方程式の場合は $f$ の核は $L_1$ の部分空間で, 連立1次方程式の場合は $f_A$ の核は $\boldsymbol{R}^n$ の部分空間だけど……

**箱崎** 一般的に, $f$ の核は $V$ の部分空間になりそうですね.

(1) $\alpha, \beta \in \mathrm{Ker} f$ なら $\alpha+\beta \in \mathrm{Ker} f$, (2) $c \in F$, $\alpha \in \mathrm{Ker} f$ なら $c\alpha \in \mathrm{Ker} f$

を確かめましょう.

**六本松** $\alpha+\beta$ とか $c\alpha$ の像が $W$ の零元になるか, だけど,

$$f(\alpha+\beta)=f(\alpha)+f(\beta)=\mathbf{0}+\mathbf{0}=\mathbf{0}$$

だから, $\alpha+\beta \in \mathrm{Ker} f$ で, (1) は成り立つ.

**箱崎**

$$f(c\alpha)=cf(\alpha)=c\,\mathbf{0}=\mathbf{0}$$

ですから, $c\alpha \in \mathrm{Ker} f$ で, (2) も成り立ちますね.

**六本松** それから, $\mathrm{Ker} f \subset V$ は明らかで, $\mathrm{Ker} f$ は空集合でもない.

**箱崎** $V$ の零元が何時でも $\mathrm{Ker} f$ に含まれてますね. 線形写像は零元を保存しますから.

結局, $\mathrm{Ker} f$ は $V$ の部分空間です.

**香椎** 像の方は, どうかね?

**六本松** ゾウさん, ゾウさん……, $\mathrm{Im} f \subset W$ は明らかで, $\mathrm{Im} f$ は空集合じゃない.

**箱崎** それから, $\alpha', \beta' \in \mathrm{Im} f$ のとき $\alpha'+\beta'$ は $V$ の元の像かどうかですが……, $\alpha', \beta'$ は

$$\alpha'=f(\alpha), \quad \beta'=f(\beta)$$

と, $V$ の元 $\alpha, \beta$ を使って書けますね. $\mathrm{Im} f$ の元は, $V$ の元の像の全体ですから. そして,

$$\begin{aligned}\alpha'+\beta'&=f(\alpha)+f(\beta)\\&=f(\alpha+\beta)\end{aligned}$$

ですから, $\alpha'+\beta'$ は $V$ の元 $\alpha+\beta$ の像で, $\alpha'+\beta' \in \mathrm{Im} f$ ですね.

**六本松** $c \in F$, $\alpha' \in \mathrm{Im} f$ のとき, $c\alpha'$ は $V$ の元の像かどうかは——

$$\alpha'=f(\alpha)$$

と, $\alpha'$ は $V$ の元 $\alpha$ を使って書けるから,

$$\begin{aligned}c\alpha'&=cf(\alpha)\\&=f(c\alpha)\end{aligned}$$

となって, $c\alpha'$ は $V$ の元 $c\alpha$ の像で, $c\alpha' \in \mathrm{Im} f$.

**箱崎** 結局, $\mathrm{Im} f$ は $W$ の部分空間ですね.

## 二つの要請の独立性

**六本松**　線形空間の公理なんかでは，公理の独立性を問題にしたけど，線形写像を規定してる(イ)と(ロ)は独立？

**香椎**　独立だね．だが，その証明は割愛しよう．教養課程の数学を超えているから．

もっとも，独立性の問題を避けて通ることも出来る．

**箱崎**　どうして　ですか．

**香椎**　差の保存性の証明で，

$$(\text{ハ})\quad f(c\alpha+d\beta)=cf(\alpha)+df(\beta)\qquad(c,d\in F,\ \alpha,\beta\in V)$$

という性質を使ったね．

これは，(イ)と(ロ)とから導かれたが，逆は？

**六本松**　(ハ)で，$c$ も $d$ も 1 という場合から，

$$f(\alpha+\beta)=f(\alpha)+f(\beta)\qquad(\alpha,\beta\in V).$$

つまり，(イ)が出る．

**箱崎**　(ハ)で，$\beta$ が $V$ の零元の場合から，

$$f(c\alpha)=cf(\alpha)+df(\mathbf{0})$$

ですが，$f(\mathbf{0})=\mathbf{0}$ は，(ハ)で，$c=1,\ d=-1,\ \alpha=\beta$ の場合から出ますので，

$$f(c\alpha)=cf(\alpha)\qquad(c\in F,\ \alpha\in V)$$

と，(ロ)が出ますね．

結局，(イ)·(ロ)と(ハ)は同値なんですね．

**六本松**　それで，(ハ)の性質で線形写像を定義すると，独立性の問題は起こらないのか．ズルイ！

**香椎**　独立性の証明が知りたければ，栗田稔先生の『線形数学序説』(現代数学社)の14ページ·16ページと，竹之内脩先生の『入門・集合と位相』(実教出版）の99ページとを，参照するんだね．

**六本松**　ドッチも，先生と関係のある出版社の本!?

# 16 線形代数の古里に帰る

線形空間の性質を調べるのが，線形代数だったね．
どんな性質が問題となるか——三つの背景へ返ってみよう．

## 微分方程式の場合（一）

**香椎**　微分方程式

$$\frac{d^n y}{dx^n}+p_1(x)\frac{d^{n-1}y}{dx^{n-1}}+\cdots+p_{n-1}(x)\frac{dy}{dx}+p_n(x)y=q(x)$$

の解法は？

**箱崎**　$p_1, \cdots, p_n$，$q$ が区間 $I$ で連続で，解としては，区間 $I$ で定義される実数値関数を考えると，

（1）　この微分方程式の一つの解を求めること，

（2）　右辺の $q$ を，$I$ で恒等的に零な関数で置き換えた微分方程式

$$\frac{d^n y}{dx^n}+p_1(x)\frac{d^{n-1}y}{dx^{n-1}}+\cdots+p_{n-1}(x)\frac{dy}{dx}+p_n(x)y=0$$

の，すべての解を求めること——の二つに帰着されます．

**六本松**　(1) の場合の求め方には，$p_1, \cdots, p_n$ が定数値関数のとき，微分演算子法があった．

**箱崎**　今度は，(2) の場合の求め方ですね．

**六本松**　そのために，(2) の微分方程式の解の性質を調べる．

**香椎**　数学的センスが身についてきたね．

**箱崎**　(2) の微分方程式の解全体の集合 $M_1$ は，実線形空間です．

**六本松**　$M_1$ は空集合ではない．$I$ で恒等的に零な関数は，何時も解．

**箱崎**　$M_1$ は無限集合です．解は無数にありますから．

**香椎**　その根拠は？

**箱崎**　区間 $I$ に属する点 $a$ と，$n$ 個の実数 $b_0, b_1, \cdots, b_{n-1}$ を与えると，初期条件

$$y(a)=b_0,\quad y'(a)=b_1,\ \cdots,\ y^{(n-1)}(a)=b_{n-1}$$

を満足する解が，ただ一つ，存在する——という結果です．

**香椎**　この結果を使うと，たとえば，$n=2$ のとき，微分方程式

$$\frac{d^2y}{dx^2}+p_1(x)\frac{dy}{dx}+p_2(x)y=0$$

の解で，初期条件

$$y(a)=1,\quad y'(a)=0$$

を満足する解が存在するね．——この解を $y_1$ と書こう．

また，初期条件

$$y(a)=0,\quad y'(a)=1$$

を満足する解を，$y_2$ と書こう．

$y_1$ と $y_2$ は……

**六本松**　違う解．

$y_1(a)=1$，$y_2(a)=0$ と，点 $a$ での値が違う，から．

**香椎**　$n=2$ の，問題の微分方程式の任意の解 $z$ に対して，

$$z(a)=c_1,\quad z'(a)=c_2$$

という実数 $c_1, c_2$ が定まるね．

このとき，

$$z=c_1y_1+c_2y_2$$

が成り立つ．

**箱崎**　区間 $I$ で定義される関数 $c_1y_1+c_2y_2$ は，問題の微分方程式の解 $z$ と同じ関数になるんですね．

**六本松**　$c_1y_1+c_2y_2$ を $w$ で表すと，$w$ が問題の微分方程式の解になることは，明らか．

問題の微分方程式の解全体は実線形空間だから．

**箱崎**　$c_1, c_2$ が実数で，$y_1, y_2$ が解だから，$c_1y_1$ と $c_2y_2$ は解ですね．それで，また，この二つの関数の和になってる $w$ は解ですね．

**六本松**　同じ関数になることは……

**香椎**　$w$ はドンナ初期条件を満足するかね？

**箱崎**

$$w(a)=c_1y_1(a)+c_2y_2(a)$$

ですが，$y_1(a)=1$，$y_2(a)=0$ ですから，

$$w(a)=c_1$$

で……

**六本松**

$$w'=c_1y_1'+c_2y_2'$$

だから，

$$w'(a)=c_1y_1'(a)+c_2y_2'(a)$$

で，$y_1'(a)=0$, $y_2'(a)=1$ から，

$$w'(a)=c_2.$$

**箱崎** つまり，

$$w(a)=c_1,\quad w'(a)=c_2$$

ですね.

**香椎** $c_1=z(a)$, $c_2=z'(a)$ だったから，これは？

**箱崎** これは——$z$ に対する初期条件と同じです.

**六本松** $z$ も $w$ も同じ初期条件を満足する解だから，$z=w$.

**箱崎** 初期条件を与えると，それを満足する解は，ただ一つ——という，さっきの結果からですね.

**香椎** その通り，だね.

**六本松** 〈解の一意性〉は，ヘンなところで役に立つ！

## 微分方程式の場合（二）

**箱崎** 結局，微分方程式

$$\frac{d^2y}{dx^2}+p_1(x)\frac{dy}{dx}+p_2(x)y=0$$

の解全体の実線形空間は

$$\{c_1y_1+c_2y_2 \mid c_1, c_2\in \boldsymbol{R}\}$$

と表されますね.

**六本松** $y_1$ の実数倍と $y_2$ の実数倍の和の全体.

**箱崎** ですから，問題の微分方程式の解をゼンブ求めるのは，$y_1$ と $y_2$ を具体的に求めること，に帰着されますね.

**六本松** 二つ分かると，ゼンブ分かる！

**箱崎** 二つ求めるよりも一つ求める方がラクですから，たとえば，$y_1$ だけ求まったとき，残りのゼンブの解は $y_1$ の実数倍で表される，という具合にはいきませんか？

**六本松** それはダメ．$y_1$ の実数倍で表されない解がある．たとえば，$y_2$.

かりに，$y_2=cy_1$ と表されたとすると，

$$y_2(a)=cy_1(a)$$

でないといけないけど，$y_2(a)=0$, $y_1(a)=1$ だから，$c=0$ になって，$y_2$ は区間 $I$ で恒

等的に零な関数. これは, $y_2'(a)=1$ と矛盾する.

**箱崎** 問題の微分方程式の解を, そのいくつかの解の実数倍の和で表そうとすると, 〈二つ〉という個数はヘラせないんですね.

反対に, フヤシたら, どうなりますか?

**六本松** 〈実数倍の和で表される〉という性質は変わらない.

たとえば, $y_1$ とも $y_2$ とも違う解 $y_3$ をもってきても,

$$\{c_1y_1+c_2y_2+c_3y_3 \mid c_1, c_2, c_3 \in \boldsymbol{R}\}=\{c_1y_1+c_2y_2 \mid c_1, c_2 \in \boldsymbol{R}\}.$$

$y_3$ は $y_1$ と $y_2$ の実数倍の和で表されるから.

**箱崎** フヤスのは, 関係ないんですね.

**香椎** ソウではナイ. もっと精密に考察しよう.

一般に, 解 $z$ が

$$z=c_1y_1+c_2y_2$$

と表されたとき, $c_1, c_2$ の意味は?

**六本松**

$$c_1=z(a), \quad c_2=z'(a)$$

だから, 解が満足する初期条件.

**香椎** そこで, $(c_1, c_2) \neq (d_1, d_2)$ という二つの実数の組 $(c_1, c_2)$, $(d_1, d_2)$ に対する二つの解

$$c_1y_1+c_2y_2 \quad \text{と} \quad d_1y_1+d_2y_2$$

との関係は?

**箱崎** この二つは違う解です. 違う初期条件を満足してますから.

**香椎** と, いうことは?

**箱崎** $c_1, c_2$ を変えると, $c_1y_1+c_2y_2$ は互いに違う解になります.

**香椎** $y_1, y_2$ の実数倍の和で表す, という仕方には重複がないね.

ところが, $y_1, y_2, y_3$ の実数倍の和で表す仕方には……

**六本松** 重複がある!

たとえば, $y_3$ は,

$$y_3=y_3(a)y_1+y_3'(a)y_2+0y_3(a), \quad y_3=0y_1+0y_2+1y_3$$

というように, 少なくとも二通りに表される.

$$(y_3(a), y_3'(a), 0) \neq (0, 0, 1)$$

なのに.

**箱崎** 結局, 問題の微分方程式の解は, $y_1$ の実数倍と $y_2$ の実数倍の和で重複なくゼンブ表される, という特徴があるんですね.

**香椎** 話が簡単なように, $n=2$ の場合で考えてきたが, 一般に,

$$\frac{d^n y}{dx^n}+p_1(x)\frac{d^{n-1}y}{dx^{n-1}}+\cdots+p_{n-1}(x)\frac{dy}{dx}+p_n(x)y=0$$

の解全体の実線形空間 $M_1$ も，同じ性質を持つね．

**六本松**　$n=2$ の場合から類推すると，$M_1$ に属する $n$ 個の元 $y_1, \cdots, y_n$ があって，$M_1$ の元は，これらの元の実数倍の和で重複なくゼンブ表される．

**箱崎**　$n=2$ の場合を真似すると，初期条件

$$y(a)=b_0,\quad y'(a)=b_1,\ \cdots,\ y^{(n-1)}(a)=b_{n-1}$$

で，$k$ 番目の $b_{k-1}$ だけが 1，その外の $b_j$ はゼンブ 0 というのを満足する解を $y_k$ とすると，ソウなりそうですね．

**香椎**　複素数値関数の解を問題とする場合も，同じだね．

**六本松**　〈実数倍〉が〈複素数倍〉になるだけ．

## 2次曲線の場合

**香椎**　2次曲線をめぐる問題での，対象は？

**箱崎**　直接には2次曲線ですが，もっと拡げて，原点を始点とする平面上の位置ベクトル全体の集合 $M_2$ を考えました．

**六本松**　$M_2$ は，実線形空間．

**香椎**　位置ベクトルは成分表示されるね．その原理は？

**箱崎**　$x$ 軸と同じ向きを持つ単位ベクトル $\overrightarrow{\mathrm{OE}}$ と，$y$ 軸と同じ向きを持つ単位ベクトル $\overrightarrow{\mathrm{OF}}$ をとると，勝手な位置ベクトル $\overrightarrow{\mathrm{OA}}$ は，

$$\overrightarrow{\mathrm{OA}}=a_1\overrightarrow{\mathrm{OE}}+a_2\overrightarrow{\mathrm{OF}}$$

と書けます．

ですから，$\overrightarrow{\mathrm{OA}}$ に対して，実数の組 $(a_1, a_2)$ がきまります．

**六本松**　逆に，実数の組 $(a_1, a_2)$ を与えると，

$$a_1\overrightarrow{\mathrm{OE}}+a_2\overrightarrow{\mathrm{OF}}$$

という，終点の座標が $(a_1, a_2)$ になる，位置ベクトルがきまる．

**箱崎**　この方法で，実数の組と位置ベクトルとの間には一対一の対応がつきます．

これが成分表示の原理です．

**香椎**　と，いうことは？

**箱崎**
$$M_2=\{a_1\overrightarrow{\mathrm{OE}}+a_2\overrightarrow{\mathrm{OF}}\mid a_1, a_2\in \boldsymbol{R}\}$$

となって……

**六本松**　$M_2$ の元は，$\overrightarrow{\mathrm{OE}}$ と $\overrightarrow{\mathrm{OF}}$ の実数倍の和で重複なくゼンブ表される！

## 連立１次方程式の場合

**香椎**　$n$ 個の未知数 $x_1, x_2, \cdots, x_n$ についての，$m$ 個の連立１次方程式

$$\begin{pmatrix} a_{11} & a_{12} & \cdots & a_{1n} \\ a_{21} & a_{22} & \cdots & a_{2n} \\ \vdots & \vdots & & \vdots \\ a_{m1} & a_{m2} & \cdots & a_{mn} \end{pmatrix}\begin{pmatrix} x_1 \\ x_2 \\ \vdots \\ x_n \end{pmatrix}=\begin{pmatrix} b_1 \\ b_2 \\ \vdots \\ b_m \end{pmatrix}$$

の解法は，微分方程式の場合のように，

(1)　この連立１次方程式の一つの解を求めること，

(2)　右辺の $b_k$ を零で置き換えた連立１次方程式

$$\begin{pmatrix} a_{11} & a_{12} & \cdots & a_{1n} \\ a_{21} & a_{22} & \cdots & a_{2n} \\ \vdots & \vdots & & \vdots \\ a_{m1} & a_{m2} & \cdots & a_{mn} \end{pmatrix}\begin{pmatrix} x_1 \\ x_2 \\ \vdots \\ x_n \end{pmatrix}=\begin{pmatrix} 0 \\ 0 \\ \vdots \\ 0 \end{pmatrix}$$

の，すべての解を求めること――の二つに帰着されたね．

(2) の場合の連立１次方程式の，解の性質は？

**箱崎**　$a_{ij}$ や $b_k$ が実数で，実数の解を求めるときは，　この方程式の解全体の集合 $M_3$ は実線形空間です．

**六本松**　$M_3$ は空集合ではない．$(0, 0, \cdots, 0)$ という解が何時もある．

**箱崎**　つまり，$M_3$ の零元ですね．零元の外に解があると，$M_3$ は無限集合です．

零元でない解の実数倍は，互いに違う，解ですから．

**香椎**　たとえば，

$$\begin{pmatrix} 1 & 1 & 1 & 1 \\ 1 & 2 & 1 & 1 \\ 1 & -1 & 1 & 1 \end{pmatrix}\begin{pmatrix} x \\ y \\ z \\ w \end{pmatrix}=\begin{pmatrix} 0 \\ 0 \\ 0 \end{pmatrix}$$

を解くと？

**箱崎**　係数と定数項を並べた行列を変形します．

$$\begin{pmatrix} 1 & 1 & 1 & 1 & 0 \\ 1 & 2 & 1 & 1 & 0 \\ 1 & -1 & 1 & 1 & 0 \end{pmatrix} \longrightarrow \begin{pmatrix} 1 & 1 & 1 & 1 & 0 \\ 0 & 1 & 0 & 0 & 0 \\ 0 & -2 & 0 & 0 & 0 \end{pmatrix} \longrightarrow \begin{pmatrix} 1 & 0 & 1 & 1 & 0 \\ 0 & 1 & 0 & 0 & 0 \\ 0 & 0 & 0 & 0 & 0 \end{pmatrix}$$

ですから，解は

$$\begin{pmatrix} x \\ y \\ z \\ w \end{pmatrix}=\begin{pmatrix} 0 \\ 0 \\ 0 \\ 0 \end{pmatrix}+s\begin{pmatrix} -1 \\ 0 \\ 1 \\ 0 \end{pmatrix}+t\begin{pmatrix} -1 \\ 0 \\ 0 \\ 1 \end{pmatrix} \qquad (s, t \in \boldsymbol{R})$$

です．

**香椎**　定数項がすべて零になる (2) の型の方程式では，定数項を並べた最後の列は必要ないね．

**六本松**　行列の四種類の変形で，変わらない．何時も，零のまま．鉛筆がモッタイない！

**香椎**　そこで，解の式の第一項も必要ないね．

**箱崎**　(2) の型では，何時でもある，解ですからね．

**六本松**　$s=0$，$t=0$ の場合に含まれる．

**箱崎**　結局，解は

$$\begin{pmatrix} x \\ y \\ z \\ w \end{pmatrix} = s\begin{pmatrix} -1 \\ 0 \\ 1 \\ 0 \end{pmatrix} + t\begin{pmatrix} -1 \\ 0 \\ 0 \\ 1 \end{pmatrix} \qquad (s, t \in \boldsymbol{R})$$

と書けますね．

**香椎**　とすると，解の集合 $M_3$ は？

**箱崎**　$$M_3 = \{s(-1, 0, 1, 0) + t(-1, 0, 0, 1) \mid s, t \in \boldsymbol{R}\}$$

となって，$M_3$ の元は $(-1, 0, 1, 0)$ と $(-1, 0, 0, 1)$ の実数倍の和でゼンブ表されます．

**香椎**　重複は？

**六本松**　$$s_1(-1, 0, 1, 0) + t_1(-1, 0, 0, 1) = s_2(-1, 0, 1, 0) + t_2(-1, 0, 0, 1)$$

と，同じ解が二通りに書けると，

$$(-s_1 - t_1, 0, s_1, t_1) = (-s_2 - t_2, 0, s_2, t_2)$$

だから，三番目と四番目の成分に注目すると，

$$s_1 = s_2, \quad t_1 = t_2,$$

つまり，

$$(s_1, t_1) = (s_2, t_2).$$

**箱崎**　この対偶から，$(s_1, t_1) \neq (s_2, t_2)$ という組に対する解は違う解になることが分かりますね．

**六本松**　結局，$M_3$ の元は，その二つの元 $(-1, 0, 1, 0)$ と $(-1, 0, 0, 1)$ の実数倍の和で重複なくゼンブ表される．

**香椎**　話が簡単なように，具体的な方程式で考えてきたが，一般に (2) の型の連立１次方程式の解全体の実線形空間 $M_3$ は，無限集合の場合には，同じ性質を持つね．

**箱崎**　係数を並べた行列を変形すると，

$$\begin{pmatrix} a_{11} & a_{12} & \cdots & a_{1n} \\ a_{21} & a_{22} & \cdots & a_{2n} \\ \vdots & \vdots & & \vdots \\ \vdots & \vdots & & \vdots \\ a_{m1} & a_{m2} & \cdots & a_{mn} \end{pmatrix} \longrightarrow \begin{pmatrix} 1 & 0 \cdots 0 & a_{1\,r+1}{}^* & \cdots & a_{1n}{}^* \\ 0 & 1 \cdots 0 & a_{2\,r+1}{}^* & \cdots & a_{2n}{}^* \\ \vdots & \vdots \ddots \vdots & \vdots & & \vdots \\ 0 & 0 \cdots 1 & a_{r\,r+1}{}^* & \cdots & a_{rn}{}^* \\ 0 & 0 \cdots 0 & 0 & \cdots & 0 \\ \vdots & \vdots \quad \vdots & \vdots & & \vdots \\ 0 & 0 \cdots 0 & 0 & \cdots & 0 \end{pmatrix}$$

と，ある行以下の成分はゼンブ零になりますから，$r=n$ のとき解は零元だけで，$0<r<n$ のとき解は無数にありますね．

**六本松**　$0<r<n$ のとき $M_3$ は無限集合で，$M_3$ の元は，その $n-r$ 個の元

$$(-a_{1i}^*, -a_{2i}^*, \cdots, -a_{ri}^*, 0, \cdots, 1, \cdots, 0) \qquad (i=r+1, r+2, \cdots, n)$$

ただし，1は $i$ 番目の成分，の実数倍の和で重複なくゼンブ表される．

**箱崎**　重複がないのは，この $n-r$ 個の元では，$r+1$ 番目から先にある1の場所が互いに違うことから，分かりますね．さっきの計算のように．

**香椎**　複素解を問題とする場合も，同じだね．

**六本松**　〈実数倍〉が〈複素数倍〉になるだけ．

## 共 通 な 性 質

**香椎**　三つの背景に現れる，三種の線形空間に共通な性質は？

**箱崎**　それに属するいくつかの特別な元があって，実線形空間のときはそれらの実数倍の和で，複素線形空間のときはそれらの複素数倍の和で，重複なくゼンブ表される——という

うことです．

**六本松**　連立1次方程式の場合で，$M_3$ が零元だけのときは，例外！

そのときは，$M_3$ の元は零元の実数倍とか複素数倍とかでゼンブ表されるけど，どれも同じ零元になって，重複がある．

**香椎**　この共通な性質から，〈基底〉という概念が生ずる．

**箱崎**　今日の話は，結局は，〈基底への道〉ですね．

**香椎**　その道は何処にあったか，というと……

**六本松**　イワテケン！

# 17 基底の概念に到達する

線形空間のどんな性質が問題となるか，調べているところだね．

三つの背景に現れる，線形空間に共通な性質を，抽き出したね．

## 三種の線形空間に共通な性質

**箱崎**　三つの背景に現れる，三種類の線形空間に共通な性質は——それに属するいくつかの特別な元があって，実線形空間のときはそれらの実数倍の和で，複素線形空間のときはそれらの複素数倍の和で，問題の線形空間の元が重複なくゼンブ表される——ということです．

**香椎**　たとえば？

**六本松**　$p_1, p_2$ が区間 $I$ で連続な実数値関数のとき，微分方程式

$$\frac{d^2y}{dx^2}+p_1(x)\frac{dy}{dx}+p_2(x)y=0$$

の，区間 $I$ で定義される実数値関数の解を求める問題では，$I$ に属する点 $a$ に対して，初期条件

$$y(a)=1,\quad y'(a)=0$$

を満足する解を $y_1$，初期条件

$$y(a)=0,\quad y'(a)=1$$

を満足する解を $y_2$ とすると，問題の解全体の実線形空間 $M_1$ の元は，$y_1$ の実数倍と $y_2$ の実数倍の和で，つまり，$c_1y_1+c_2y_2$ という形で，重複なくゼンブ表されて，

$$M_1=\{c_1y_1+c_2y_2 \mid c_1, c_2\in \boldsymbol{R}\}.$$

**箱崎**　2次曲線をめぐる問題に現れる，原点を始点とする平面上の位置ベクトル全体の実線形空間 $M_2$ では，$x$ 軸と同じ向きを持つ単位ベクトル $\overrightarrow{\mathrm{OE}}$ と，$y$ 軸と同じ向きを持つ

単位ベクトル $\overrightarrow{\mathrm{OF}}$ をとると，$M_2$ の元は $\overrightarrow{\mathrm{OE}}$ の実数倍と $\overrightarrow{\mathrm{OF}}$ の実数倍の和で重複なくゼンブ表されて，

$$M_2=\{a_1\overrightarrow{\mathrm{OE}}+a_2\overrightarrow{\mathrm{OF}}\mid a_1,\ a_2\in \boldsymbol{R}\}$$

と書けます.

**六本松**　連立1次方程式

$$\begin{pmatrix}1 & 1 & 1 & 1\\ 1 & 2 & 1 & 1\\ 1 & -1 & 1 & 1\end{pmatrix}\begin{pmatrix}x\\ y\\ z\\ w\end{pmatrix}=\begin{pmatrix}0\\ 0\\ 0\end{pmatrix}$$

の実数解を求める問題では，$(-1, 0, 1, 0)$ と $(-1, 0, 0, 1)$ という二つの解があって，問題の解全体の実線形空間 $M_3$ の元は，この二つの解の実数倍の和で重複なくゼンブ表されて，

$$M_3=\{s(-1, 0, 1, 0)+t(-1, 0, 0, 1)\mid s,\ t\in \boldsymbol{R}\}.$$

**香椎**　君達の例では，問題の〈特別な元〉の個数は，どの場合も，〈2〉だが……

**六本松**　偶然のイタズラ！

**箱崎**　〈2〉でない例はあります．この前，調べました.

**香椎**　〈特別な元〉は，問題の線形空間を決定する，という点で重要だね.

**六本松**　さっきの微分方程式は，$y_1$ と $y_2$ が具体的に求まると，完全に解ける.

**香椎**　そこで，名前が付いている.

## 1　次　結　合

**香椎**　〈特別な元〉の性質を，分析すると？

**崎箱**　線形空間の元は，それに属するいくつかの特別な元の定数倍の和で，

（イ）　重複なく表される，　（ロ）　ゼンブ表される

と，二つの性質に分かれます.

**香椎**　その二つは，〈いくつかの特別な元の定数倍の和で表す〉ときの性質だね.

そこで，〈定数倍の和で表す〉という仕方を先ず一般の線形空間へ拡張しよう.

**六本松**　$F$ 上の線形空間 $V$ で考える.

〈定数倍〉というのは，実線形空間つまり $F$ が $\boldsymbol{R}$ のときは実数倍で，複素線形空間つまり $F$ が $\boldsymbol{C}$ のときは複素数倍だったから――$V$ でいうと，$F$ の元と $V$ の元の積.

**箱崎**　$V$ の二つの算法の中の積ですね.

それから，〈定数倍の和〉の〈和〉は，もう一つの算法の和ですね.

**香椎**　その通りだね.

$V$ の元の系列 $\alpha_1, \alpha_2, \cdots, \alpha_m$ で

$$c_1\alpha_1+c_2\alpha_2+\cdots+c_m\alpha_m \qquad (c_1, c_2, \cdots, c_m\in F)$$

と表される$V$の元は，系列 $\alpha_1, \alpha_2, \cdots, \alpha_m$ の1次結合とよばれている．

$c_i$は，この1次結合の係数とよばれている．

**箱崎**　〈定数倍の和で表す〉を〈1次結合で表す〉と，いうんですね．

## 1 次 独 立 性

**香椎**　今度は，〈重複なく表される〉という性質を，一般の線形空間へ拡張しよう．

**六本松**　さっきの $M_1$ の場合は——$y_1, y_2$ の1次結合で表される二つの元

$$c_1y_1+c_2y_2 \quad \text{と} \quad d_1y_1+d_2y_2$$

で，係数の組 $(c_1, c_2)$ と $(d_1, d_2)$ を比べてみると，

$$(c_1, c_2)\neq(d_1, d_2) \quad \text{なら} \quad c_1y_1+c_2y_2\neq d_1y_1+d_2y_2$$

が成り立つ．

係数の組が違うと，1次結合で表される元は違う，ということで，これが〈重複なく表される〉の意味．

**箱崎**　対偶をとると，

$$c_1y_1+c_2y_2=d_1y_1+d_2y_2 \quad \text{なら} \quad (c_1, c_2)=(d_1, d_2)$$

で，結局，一つの元を $y_1, y_2$ の1次結合で表す仕方は，一通りしかない，ということですね．

$M_2$ とか $M_3$ の場合も，同じでしたね．

**六本松**　それで，一般的に$F$上の線形空間$V$で考えると——$V$の元の系列 $\alpha_1, \alpha_2, \cdots, \alpha_m$ が

$$(c_1, c_2, \cdots, c_m)\neq(d_1, d_2, \cdots, d_m) \quad \text{なら} \quad c_1\alpha_1+c_2\alpha_2+\cdots+c_m\alpha_m\neq d_1\alpha_1+d_2\alpha_2+\cdots+d_m\alpha_m$$

という性質を持つこと，になる．

**香椎**　このとき，係数の組は数ベクトル空間 $F^m$ の元として扱っているね．

それらが〈等しくない〉というのは，$F^m$ の元として等しくない，という意味だね．

**箱崎**　それで，スッキリしました．

**六本松**　何が？

**箱崎**　さっきから，〈系列〉という言葉が引っかかっていたんですが，係数の組を $F^m$ の元として扱うためには係数の順番が問題ですね．それには，$\alpha_1, \alpha_2, \cdots, \alpha_m$ の並んでいる順番が大切で，それを強調するのに系列といったんだな——と，スッキリしたんですよ．

**香椎**　その通りだね．〈系列〉と〈集合〉とは区別しないといけない．

**六本松**　シン慮エン謀！

**箱崎**　それから，六本松君のいった性質は，対偶をとると，

$c_1\alpha_1+c_2\alpha_2+\cdots+c_m\alpha_m=d_1\alpha_1+d_2\alpha_2+\cdots+d_m\alpha_m$　なら　$(c_1, c_2, \cdots, c_m)=(d_1, d_2, \cdots, d_m)$

と同値ですね．

**香椎**　仮定の式を左辺に整理すると？

**六本松**

$$(c_1-d_1)\alpha_1+(c_2-d_2)\alpha_2+\cdots+(c_m-d_m)\alpha_m=\mathbf{0}.$$

**香椎**　結論を，この係数で表現すると？

**六本松**

$$c_1-d_1=0,\quad c_2-d_2=0,\quad \cdots,\quad c_m-d_m=0.$$

**香椎**　そこで，箱崎君の性質は——$V$の元の系列 $\alpha_1, \alpha_2, \cdots, \alpha_m$ が

$$a_1\alpha_1+a_2\alpha_2+\cdots+a_m\alpha_m=\mathbf{0}\quad なら\quad a_i=0\ (i=1, 2, \cdots, m)$$

という性質を持つ，といい換えられて，これは六本松君のとも同値だね．

これは……

**箱崎**　$V$の零元を系列 $\alpha_1, \alpha_2, \cdots, \alpha_m$ の1次結合で表す仕方は，係数をゼンブ零にとるのしかない，ということですね．

**六本松**　係数を零にとると，$\alpha_1, \alpha_2, \cdots, \alpha_m$ の1次結合は何時でも零元を表してるけど，零元の表し方は，この外にはない，ということ．

**箱崎**　〈重複なく表される〉というのは，ドノ元でも1次結合で表す仕方は一通りしかない，という沢山な条件を含んでいたんですが，結局，零元の表し方が一通りしかない，というタダ一つの条件で置き換えられるわけなんですね．

**六本松**　簡タン明リョウ！

**香椎**　この性質——繰り返すと——$V$の元の系列 $\alpha_1, \alpha_2, \cdots, \alpha_m$ が

$$a_1\alpha_1+a_2\alpha_2+\cdots+a_m\alpha_m=\mathbf{0}\quad なら\quad a_i=0\ (i=1, 2, \cdots, m)$$

という性質を持つとき，系列 $\alpha_1, \alpha_2, \cdots, \alpha_m$ は1次独立である，とよばれている．

**六本松**　1次独立か1次独立でないか，それが問題！

**香椎**　1次独立でないとき，すなわち，係数 $b_1, b_2, \cdots, b_m$ の中には少なくとも一つは零でない元が存在して，

$$b_1\beta_1+b_2\beta_2+\cdots+b_m\beta_m=\mathbf{0}$$

が成り立つとき，$V$の元の系列 $\beta_1, \beta_2, \cdots, \beta_m$ は1次従属である，とよばれている．

**箱崎**　1次独立でない，というのは，零元の表し方が何通りもあることで，係数をゼンブ零にとるのと違う表し方，つまり，少なくとも一つは零でない係数を含むような表し方があること，ですからね．

**六本松**　$M_1$ の場合——$y_1, y_2$ は1次独立．

$y_1$ とも $y_2$ とも違う解 $y_3$ をもってくると，$y_1, y_2, y_3$ は1次従属．

**箱崎**　前に調べたように，

$$y_3=y_3(a)y_1+y_3'(a)y_2$$

となりますから，

$$y_3(a)y_1+y_3'(a)y_2+(-1)y_3=0$$

と，$M_1$ の零元が，$-1$ という零でない係数を持つ，$y_1, y_2, y_3$ の１次結合で表されますからね．

**香椎**　$y_1, y_2, y_3$ の１次従属性は，この系列の中の一つの元 $y_3$ が，残りの元の系列 $y_1, y_2$ の１次結合で表されることから，示されたね．

　これは，一般化されるね．

**六本松**　$V$の元の系列 $\alpha_1, \alpha_2, \cdots, \alpha_m$ で，その中の一つの元が残りの元の系列の１次結合で表されると，系列 $\alpha_1, \alpha_2, \cdots, \alpha_m$ は１次従属．ただし，$m\geqq 2$．

**箱崎**　証明は，さっきと同じに出来ます．

**香椎**　逆は？

**箱崎**　$V$の元の系列 $\alpha_1, \alpha_2, \cdots, \alpha_m$ が１次従属なら，その中の一つの元は，残りの元の系列の１次結合で表される――ですが……

**六本松**　１次従属だから，$V$の零元は，少なくとも一つは零でない係数を持つ１次結合で表される．

　ソウ表したのを

$$a_1\alpha_1+a_2\alpha_2+\cdots+a_m\alpha_m=0$$

とする．

　$a_1, a_2, \cdots, a_m$ の中には零でないのが少なくとも一つはあるから，それを $a_k$ とする……

**箱崎**　さっきの証明を逆にたどって考えると，この関係式から

$$a_k\alpha_k=(-a_1)\alpha_1+\cdots+(-a_{k-1})\alpha_{k-1}+(-a_{k+1})\alpha_{k+1}+\cdots+(-a_m)\alpha_m$$

で，零でない $a_k$ で両辺を割ると，

$$\alpha_k=\left(-\frac{a_1}{a_k}\right)\alpha_1+\cdots+\left(-\frac{a_{k-1}}{a_k}\right)\alpha_{k-1}+\left(-\frac{a_{k+1}}{a_k}\right)\alpha_{k+1}+\cdots+\left(-\frac{a_m}{a_k}\right)\alpha_m$$

ですから，$\alpha_k$ は残りの元の系列 $\alpha_1, \cdots, \alpha_{k-1}, \alpha_{k+1}, \cdots, \alpha_m$ の１次結合で表されますね．

**六本松**　$a_i$ が$F$の元だから，この１次結合の係数も$F$の元．

**箱崎**　結局，系列 $\alpha_1, \alpha_2, \cdots, \alpha_m$ の１次従属性は，その中の少なくとも一つの元が残りの元の系列の１次結合で表されること，と同値ですね．

**香椎**　とすると，１次独立性は？

**六本松**　１次従属性の否定だから——$m \geqq 2$ のとき，系列 $\alpha_1, \alpha_2, \cdots, \alpha_m$ の１次独立性は，その中のドノ一つも残りの元の系列の１次結合では表されないこと，と同値!

**箱崎**　この意味で〈独立〉なんですね.

**六本松**　〈重複なく表される〉は〈１次独立〉というカタイ言葉に進化!

## 生　成　性

**香椎**　もう一つの〈ゼンブ表される〉という性質を，一般の線形空間へ拡張しよう.

**六本松**　$M_1$ の場合は——$M_1$ のドノ元も $y_1, y_2$ の１次結合で表されて，$y_1, y_2$ の１次結合の全体が $M_1$ になった. つまり，

$$M_1=\{c_1y_1+c_2y_2 \mid c_1, c_2 \in \boldsymbol{R}\}.$$

**箱崎**　$M_2$ とか $M_3$ の場合も同じですね.

**六本松**　それで，一般的に $F$ 上の線形空間 $V$ で考えると——$V$ の元の系列 $\alpha_1, \alpha_2, \cdots, \alpha_m$ の１次結合の全体

$$W=\{a_1\alpha_1+a_2\alpha_2+\cdots+a_m\alpha_m \mid a_1, a_2, \cdots, a_m \in F\}$$

が $V$ と一致すること.

**香椎**　$W$ が $V$ と一致するとき，$W$ は線形空間だが，$V$ と一致しないときでも……

**箱崎**　$W$ は $V$ の部分空間ですね.

**六本松**　$W$ は $V$ の空でない部分集合で，$W$ の勝手な二つの元

$$b_1\alpha_1+b_2\alpha_2+\cdots+b_m\alpha_m, \qquad c_1\alpha_1+c_2\alpha_2+\cdots+c_m\alpha_m$$

に対して，その和は

$$\begin{aligned}&(b_1\alpha_1+b_2\alpha_2+\cdots+b_m\alpha_m)+(c_1\alpha_1+c_2\alpha_2+\cdots+c_m\alpha_m)\\&=(b_1+c_1)\alpha_1+(b_2+c_2)\alpha_2+\cdots+(b_m+c_m)\alpha_m\end{aligned}$$

で，$W$ に属する.

$b_i, c_i \in F$ から，$b_i+c_i \in F$ だから.

**箱崎**　$F$ の勝手な元 $c$ と，$W$ の勝手な元 $a_1\alpha_1+a_2\alpha_2+\cdots+a_m\alpha_m$ の積は，

$$c(a_1\alpha_1+a_2\alpha_2+\cdots+a_m\alpha_m)=(ca_1)\alpha_1+(ca_2)\alpha_2+\cdots+(ca_m)\alpha_m$$

ですが，$c, a_i \in F$ から $ca_i \in F$ ですから，この積は $W$ に属します.

**香椎**　$V$ の元の系列 $\alpha_1, \alpha_2, \cdots, \alpha_m$ の１次結合の全体である $W$ は，系列 $\alpha_1, \alpha_2, \cdots, \alpha_m$ か

ら生成される部分空間と，よばれている．

**箱崎** 1次結合を考えるときは，問題の系列は1次独立でなくてもよかったんですから，部分空間を生成する系列は1次従属でもイイんですね．

**香椎** その通りだね．

**六本松** 〈特別な元〉の性質を，（イ）と（ロ）の二つに分析したのも，そのため．

たとえば，$M_1$ は $y_1, y_2, y_3$ という1次従属な系列からも生成される．この間，調べた．

**箱崎** 〈ゼンブ表される〉は〈生成される〉に，なるんですね．

## 基　　底

**香椎** 新しい用語で，三種の線形空間に共通な〈特別な元〉の性質を再現すると？

**六本松** 〈特別な元〉は，問題の線形空間の元の系列で，

（イ） 1次独立である，　（ロ） 問題の線形空間を生成する

という二つの性質を持つ．

**香椎** そこで，一般に——$F$ 上の線形空間 $V$ の元の系列 $\alpha_1, \alpha_2, \cdots, \alpha_m$ が二つの性質

（イ） 系列 $\alpha_1, \alpha_2, \cdots, \alpha_m$ は1次独立，（ロ） $V$ は系列 $\alpha_1, \alpha_2, \cdots, \alpha_m$ から生成される

を持つとき，この系列 $\alpha_1, \alpha_2, \cdots, \alpha_m$ は $V$ の基底と，よばれている．

**箱崎** $V$ の〈もと〉だから，ですね．

**六本松** そうすると，$y_1, y_2$ は $M_1$ の基底．

**箱崎** $\overrightarrow{\mathrm{OE}}, \overrightarrow{\mathrm{OF}}$ は $M_2$ の基底で，$(-1, 0, 1, 0)$，$(-1, 0, 0, 1)$ は $M_3$ の基底ですね．

それから，何時ものように，基底を規定している（イ）と（ロ）の独立性ですが——（イ）は成り立たないけど（ロ）は成り立つ例はありますね．

さっき六本松君がいったように，$M_1$ で $y_1, y_2, y_3$ は1次従属な系列ですが，$M_1$ は $y_1, y_2, y_3$ から生成されてますね．

**六本松** （イ）は成り立つけど（ロ）は成り立たない例は……$M_1$ で，$y_1$ だけの系列．

$y_1, y_2$ は1次独立だから，さっき一般的に調べたことから，$y_2$ は $y_1$ の1次結合では表されない．つまり $M_1$ の元の中には $y_1$ の1次結合で表されないものがある．だから，$M_1$ は $y_1$ から生成されない．

そして，実数 $c$ に対して　$cy_1=0$，　つまり，$cy_1$ が $I$ で恒等的な零な関数になると，$I$ に属する点 $a$ でも，　$cy_1(a)=0$　　だけど，$y_1(a)=1$ だから，　$c=0$

でないといけないから，$y_1$ は1次独立．

**箱崎** たった一つの元の場合でも，独立かどうかを考えられるんですね．

**六本松** 人間だって，ソウ．一人一人が独立な人格！

# 18 基底の周辺を散策する

線形空間の性質の一つとして，基底という概念を抽出したね．

今日は，いくつかの線形空間について，それらの基底を調べよう．

## 基　　　　底

**香椎**　基底とは？

**箱崎**　$V$は$F$上の線形空間とします．$V$の元の系列 $\alpha_1, \alpha_2, \cdots, \alpha_m$ が

（イ）　系列 $\alpha_1, \alpha_2, \cdots, \alpha_m$ は１次独立，　（ロ）　$V$は系列 $\alpha_1, \alpha_2, \cdots, \alpha_m$ から生成される

という二つの性質を持つとき，系列 $\alpha_1, \alpha_2, \cdots, \alpha_m$ を$V$の基底と，いいます．

**六本松**　つまり，$V$の元は，系列 $\alpha_1, \alpha_2, \cdots, \alpha_m$ の１次結合として，重複なくゼンブ表される：

$$V=\{c_1\alpha_1+c_2\alpha_2+\cdots+c_m\alpha_m \mid c_1, c_2, \cdots, c_m \in F\}.$$

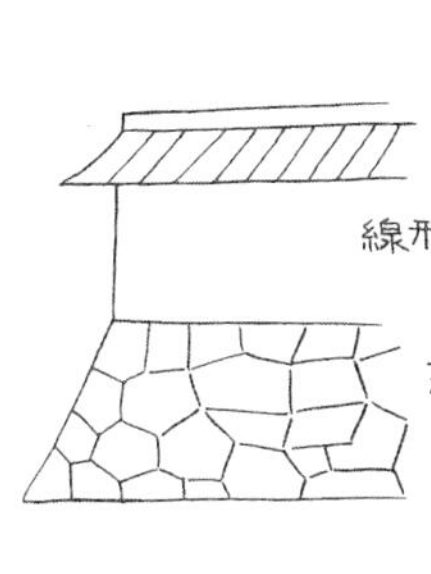


**箱崎**　〈重複なく表される〉というのは（イ）の１次独立性から，〈ゼンブ表される〉というのは（ロ）の生成性から保証されてる，わけです．

**六本松**　結局，線形空間は，その基底で決定される．

**箱崎**　その意味で，基底は，線形空間の〈もと〉ですね．

## 数ベクトル空間（一）

**香椎**　２項実ベクトル空間 $\boldsymbol{R}^2$ の基底を調べてみよう．

**箱崎**　この空間は，原点を始点とする，平面上の位置ベクトルを成分表示した実線形空間と同じですね．

$$\boldsymbol{R}^2=\{(x_1,\ x_2)\,|\,x_1,\ x_2\in\boldsymbol{R}\}$$

で，和と積は，それぞれ，

$$(a_1,\ a_2)+(b_1,\ b_2)=(a_1+b_1,\ a_2+b_2)\qquad((a_1,\ a_2),\ (b_1,\ b_2)\in\boldsymbol{R}^2),$$
$$c(a_1,\ a_2)=(ca_1,\ ca_2)\qquad(c\in\boldsymbol{R},\quad(a_1,\ a_2)\in\boldsymbol{R}^2),$$

ですから．

そして，位置ベクトル全体の実線形空間では，この前，調べたように……

**六本松**　$x$ 軸と同じ向きを持つ単位ベクトル $\overrightarrow{\mathrm{OE}}$ と，$y$ 軸と同じ向きを持つ単位ベクトル $\overrightarrow{\mathrm{OF}}$ の系列が基底．

$\overrightarrow{\mathrm{OE}}=(1,0)$，$\overrightarrow{\mathrm{OF}}=(0,1)$ と成分表示されるから，系列 $(1,0)$，$(0,1)$ は $\boldsymbol{R}^2$ の基底．

**香椎**　ウマイ類推だが，定義に返って，確かめてみよう．

**箱崎**　1次独立性ですが――$\boldsymbol{R}^2$ の零元は $(0,0)$ ですから，それを

$$c_1(1,\ 0)+c_2(0,\ 1)=(0,\ 0)\qquad(c_1,\ c_2\in\boldsymbol{R})$$

と，$(1,0)$，$(0,1)$の1次結合で表す仕方は，$c_1=0$，$c_2=0$ の場合しかないこと，ですが……

**六本松**　左辺を計算すると，

$$(c_1,\ c_2)=(0,\ 0)$$

でないといけないから，$c_1=0$，$c_2=0$ しかない．

**箱崎**　生成性ですが――$\boldsymbol{R}^2$ の勝手な元 $(x_1,\ x_2)$ は，

$$(x_1,\ x_2)=(x_1,\ 0)+(0,\ x_2)=x_1(1,\ 0)+x_2(0,\ 1)$$

と，$(1,0)$，$(0,1)$ の1次結合で表されますから，大丈夫ですね．

**六本松**　コマカクいうと，箱崎君の性質から，

$$\boldsymbol{R}^2\subset\{c_1(1,\ 0)+c_2(0,\ 1)\,|\,c_1,\ c_2\in\boldsymbol{R}\}.$$

逆に，$(1,0)$，$(0,1)$ は $\boldsymbol{R}^2$ の元だから，

$$\boldsymbol{R}^2\supset\{c_1(1,\ 0)+c_2(0,\ 1)\,|\,c_1,\ c_2\in\boldsymbol{R}\}.$$

このことから，

$$\boldsymbol{R}^2=\{c_1(1,\ 0)+c_2(0,\ 1)\,|\,c_1,\ c_2\in\boldsymbol{R}\},$$

つまり，$\boldsymbol{R}^2$ は $(1,0)$，$(0,1)$ から生成される．

**箱崎**　二番目の性質は何時でも成り立ちますね．

一般的に，$V$の元の系列 $\alpha_1,\ \alpha_2,\ \cdots,\ \alpha_m$ に対して，

$$V\supset\{c_1\alpha_1+c_2\alpha_2+\cdots+c_m\alpha_m\,|\,c_1,\ c_2,\ \cdots,\ c_m\in F\}$$

です．ですから，$V$ が $\alpha_1,\ \alpha_2,\ \cdots,\ \alpha_m$ から生成されるかどうかは，$V$の勝手な元が $\alpha_1,\ \alpha_2,\ \cdots,\ \alpha_m$ の1次結合で表されるかどうかを調べるだけで，十分ですね．

**六本松**　百も承知，千も合点！

〈定義に返って〉という命令だったから，バカていねいに，したまで．

**香椎**　この外に，基底はないかね？

**箱崎**　〈系列〉といって元の並ぶ順番も問題にしてますから，並べ換えた (0, 1), (1, 0) も $\boldsymbol{R}^2$ の基底で，(1, 0), (0, 1) とは違う基底ですね．

**六本松**　チガウといっても本質的には同じ．

1次独立性の証明も，生成性の証明もゼンゼン同じ．

**香椎**　系列 (1, 2), (3, 4) は？

**六本松**　1次独立かどうかは，

$$c_1(1, 2)+c_2(3, 4)=(0, 0) \qquad (c_1, c_2 \in \boldsymbol{R})$$

が成立するのは，$c_1=0$, $c_2=0$ の場合だけかどうか．

左辺を計算すると，

$$(c_1+3c_2, 2c_1+4c_2)=(0, 0)$$

だから，結局，$c_1, c_2$ についての連立1次方程式

$$\begin{cases} c_1+3c_2=0 \\ 2c_1+4c_2=0 \end{cases}$$

の実数解が，$c_1=0$, $c_2=0$ だけか，どうか……

**箱崎**　行列の変形で解くと——定数項が零の型ですから，その列を省略して変形すると，

$$\begin{pmatrix} 1 & 3 \\ 2 & 4 \end{pmatrix} \longrightarrow \begin{pmatrix} 1 & 3 \\ 0 & -2 \end{pmatrix} \longrightarrow \begin{pmatrix} 1 & 3 \\ 0 & 1 \end{pmatrix} \longrightarrow \begin{pmatrix} 1 & 0 \\ 0 & 1 \end{pmatrix}$$

となって，解は $c_1=0$, $c_2=0$ だけですね．

(1, 2), (3, 4) は1次独立です．

**六本松**　生成性は，$\boldsymbol{R}^2$ の勝手な元 $(x_1, x_2)$ が (1, 2), (3, 4) の1次結合で表されるかどうか……

**箱崎**　つまり，

$$c_1(1, 2)+c_2(3, 4)=(x_1, x_2)$$

という実数 $c_1, c_2$ があるかどうかですが，さっきと同じ計算で，$c_1, c_2$ についての連立1次方程式

$$\begin{cases} c_1+3c_2=x_1 \\ 2c_1+4c_2=x_2 \end{cases}$$

が実数の解を持つかどうか，ということになりますね．

**六本松**　持つことは，さっきの変形から，分かる．——具体的に計算すると，

$$\begin{pmatrix}1 & 3 & x_1\\ 2 & 4 & x_2\end{pmatrix} \longrightarrow \begin{pmatrix}1 & 3 & x_1\\ 0 & -2 & -2x_1+x_2\end{pmatrix}$$

$$\longrightarrow \begin{pmatrix}1 & 3 & x_1\\ 0 & 1 & x_1-\frac{1}{2}x_2\end{pmatrix} \longrightarrow \begin{pmatrix}1 & 0 & -2x_1+\frac{3}{2}x_2\\ 0 & 1 & x_1-\frac{1}{2}x_2\end{pmatrix}$$

で，$\boldsymbol{R}^2$ の勝手な元 $(x_1, x_2)$ は

$$(x_1, x_2)=\left(-2x_1+\frac{3}{2}x_2\right)(1, 2)+\left(x_1-\frac{1}{2}x_2\right)(3, 4)$$

と，(1, 2), (3, 4) の 1 次結合で表わされる．

(1, 2), (3, 4) という系列も，$\boldsymbol{R}^2$ の基底．

**箱崎** 基底は，何通りも，あるんですね．

## 数ベクトル空間（二）

**香椎** 系列 (1, 0), (0, 1) は 2 項複素ベクトル空間 $\boldsymbol{C}^2$ の基底でも，あるね．

**六本松** さっきと同じ証明で分かる．〈実数倍〉が〈複素数倍〉になるだけ．

**箱崎** それから，系列 (1, 0, 0), (0, 1, 0), (0, 0, 1) が 3 項実ベクトル空間 $\boldsymbol{R}^3$ とか 3 項複素ベクトル空間 $\boldsymbol{C}^3$ とかの基底になることも，同じ証明法で分かりますね．

**六本松** 一般的に，$n\geqq 2$ のとき，第 $i$ 番目の成分が 1 で，その外の成分は零になっている，$F^n$ の $n$ 個の元を，$i=1, 2, \cdots, n$ の順に並べた系列

$$(1, 0, \cdots, 0),\ (0, 1, \cdots, 0),\ \cdots,\ (0, 0, \cdots, 1)$$

は，$n$ 項数ベクトル空間 $F^n$ の基底．

**香椎** これは，$F^n$ の自然基底と，よばれている．

**箱崎** 何通りもある基底の中で，これが一番シゼンですね．

**香椎** さて，$n=1$ のときは？

**箱崎** 実数全体の集合 $\boldsymbol{R}$ ですね．

実数同志のフツウの和と積に関する，実線形空間 $\boldsymbol{R}$ の基底ですね．

**六本松** $\boldsymbol{R}$ の元は実数そのもので，$n\geqq 2$ のときのように実数の組ではないけど，成分が一つになった特別な実数の組ともいえるから——$n\geqq 2$の場合の自然基底から類推して——1 は $\boldsymbol{R}$ の基底．

**箱崎** $\boldsymbol{R}$ の勝手な元 $a$ は，$a=a\cdot 1$ と，1 の 1 次結合で表されますね．

それから，この線形空間の零元は 0 で，$c\cdot 1=0$ $(c\in\boldsymbol{R})$ なら，$c=0$ ですから，ただ一つの元の系列 1 は 1 次独立ですね．

**香椎** その論法は，〈1〉でなくとも……

**六本松** 〈0 でない実数〉なら，何時でも使える．

零でない実数$r$はドレモ$\boldsymbol{R}$の基底. ——$\boldsymbol{R}$の勝手な元$a$は, $c=\frac{a}{r}\cdot r$と, $r$の1次結合で表され, $c\cdot r=0$ ($c\in\boldsymbol{R}$)なら, $r$の逆数を両辺に掛けて, $c=0$ だから, $r$は1次独立.

**箱崎** $\boldsymbol{R}$の基底は無数にありますね.

でも, 今まで見つけた基底は, ただ一つの元から作られている基底ばかりですが, 二つとか三つとかの元の系列から作られる基底は, ないんでしょうか?

**六本松** えーと…, それはダメ.

二つの元の系列 $r_1, r_2$ は, 何時でも, 1次従属. ——$r_1$も$r_2$も零のときは,

$$1\cdot r_1+1\cdot r_2=0$$

と, 零でない係数を持つ, $r_1, r_2$ の1次結合で零元が表される.

**箱崎** $r_1$と$r_2$の少なくとも一つが零でないときは, たとえば$r_1$が零でないときは, $r_1$は$\boldsymbol{R}$の基底なんですから,

$$r_2=cr_1\ (c\in\boldsymbol{R}),\quad つまり,\quad (-c)\cdot r_1+1\cdot r_2=0$$

と書けて, $r_1, r_2$ は1次従属ですね.

**六本松** 一般的に, $m$個の元の系列 $r_1, r_2, \cdots, r_m$ は1次従属. ——ゼンブ零のときは,

$$1\cdot r_1+1\cdot r_2+\cdots+1\cdot r_m=0.$$

$r_1, r_2, \cdots, r_m$ の少なくとも一つが零でないときは, たとえば$r_1$が零でないときは, $r_1$は$\boldsymbol{R}$の基底だから,

$$r_i=c_ir_1 \qquad (i=2, 3, \cdots, m)$$

という実数$c_i$があって,

$$(-c_2-c_3-\cdots-c_m)\cdot r_1+1\cdot r_2+1\cdot r_3+\cdots+1\cdot r_m=0,$$

と, 零でない係数を持つ, $r_1, r_2, \cdots, r_m$ の1次結合で零元が表される.

**箱崎** 結局, $\boldsymbol{R}$の基底は無数にあるけど, 基底を作ってる元の個数は一定なんですね.

一般的にも, ソウなんでしょうか.

## 整式の空間

**香椎** 文字$x$の実係数整式全体の集合は, 整式同志の通常の和と, 実数と整式との通常の積とに関して, 実線形空間だね.

**箱崎** 問題の整式は$\boldsymbol{R}$を定義域に持つ実数値関数の一種ですから, 問題の集合は写像の線形空間の一つですね.

**香椎** この空間は, $\boldsymbol{R}[x]$ で表す習慣だ.

$\boldsymbol{R}[x]$ に属する整式には次数の制限はないわけだが, 次数を制限した, 文字$x$の2次以下の実係数整式全体の集合

$$W=\{a_0+a_1x+a_2x^2 \mid a_0, a_1, a_2 \in \boldsymbol{R}\}$$

は，$\boldsymbol{R}[x]$ の部分空間だね.

**六本松**　2次以下の実係数整式同志の和は，2次以下の実係数整式で……

**箱崎**　実数と2次以下の実係数整式の積も，2次以下の実係数整式で，$W$は空集合ではない，からです.

**香椎**　$W$の基底は？

**箱崎**　$W$の勝手な元は，整式 $a_0+a_1x+a_2x^2$ ですが，これは

$$a_0\cdot 1+a_1\cdot x+a_2\cdot x^2$$

と書けますから，$1, x, x^2$ の1次結合で表されてますね.

この〈1〉は，数の1でなくて，$\boldsymbol{R}$ で恒等的に1な整式です.

**六本松**　1次独立性は——$W$の零元は $\boldsymbol{R}$ で恒等的に0な整式だから，

$$c_1\cdot 1+c_2\cdot x+c_3\cdot x^2=0 \qquad (c_1, c_2, c_3 \in \boldsymbol{R})$$

なら，$c_1=0, c_2=0, c_3=0$ でないといけない，かだけど……

**箱崎**　この等式は両辺の整式が同じこと，つまり，$\boldsymbol{R}$ で恒等的に成り立つことですから……

**六本松**　$x$ に零を代入して，$c_1=0$.

$x$ で微分した $c_2+2c_3x=0$ で，$x$ に零を代入して，$c_2=0$.

もう一回微分して $2c_3=0$ だから，$c_3=0$.

**箱崎**　$1, x, x^2$ は$W$の基底です.

**香椎**　$\boldsymbol{R}[x]$ の基底は？

**箱崎**　この集合に属する整式には次数の制限はないんですから，無限個の元の系列

$$1,\ x,\ x^2,\ \cdots,\ x^n,\ \cdots$$

を取ると，$\boldsymbol{R}[x]$ の勝手な元は，この系列の有限個の元の1次結合で表されますね.

**六本松**　そして，この系列の有限個の元の系列，つまり，この系列の有限部分系列はドレも1次独立.

さっきと同じ証明法で分かる.

**箱崎**　それで，この無限系列は $\boldsymbol{R}[x]$ の基底——ですか？

**香椎**　基底の概念を無限系列まで拡張して考えることもあるが，教養課程の線形代数では，〈有限〉系列に限るのが一般だね.

この意味で，君達の無限系列は $\boldsymbol{R}[x]$ の基底ではない.

**六本松**　それじゃ，$\boldsymbol{R}[x]$ に基底はない！

有限個の元の系列を取ると，この有限個の整式の次数の最大が決まる．その最大数を$N$とすると，問題の系列の1次結合で表される整式は$N$次以下だから，いくらでも高い次数

の整式を含んでる $\boldsymbol{R}[x]$ は，問題の系列からは生成されない．

だから，ドンナ有限個の元の系列も，$\boldsymbol{R}[x]$ の基底にはならない．

**箱崎**　基底を持たない線形空間も，あるんですね．

## 実線形空間 $\boldsymbol{R}^+$

**香椎**　実線形空間 $\boldsymbol{R}^+$ の基底は？

**六本松**　正の実数全体の集合

$$\boldsymbol{R}^+=\{\alpha\in\boldsymbol{R}\,|\,\alpha>0\}$$

は，

$$\alpha\oplus\beta=\alpha\beta\quad(\alpha,\beta\in\boldsymbol{R}^+),\qquad c\circ\alpha=\alpha^c\quad(c\in\boldsymbol{R},\alpha\in\boldsymbol{R}^+)$$

という，和 $\oplus$ と積 $\circ$ に関する実線形空間．

**箱崎**　$\boldsymbol{R}^+$ の勝手な元 $\alpha$ は，$\alpha=\alpha\cdot1$ と書けますから，1の1次結合で表されますね．

**六本松**　ソレはウソ．

1次結合で表すときの和と積は，線形空間の和と積．――箱崎君は，$\alpha=\alpha\cdot1$ と，フツウの積を使ってるけど，$\boldsymbol{R}^+$ の積はフツウの累乗．

**香椎**　ソレをウッカリしやすい．

**六本松**　1は $\boldsymbol{R}^+$ の零元だから，1次独立でもない．

**箱崎**　1は基底の資格なしだけど…，累乗で表すことを考えると…，自然対数の底 $e$ ならよさそうですね．

$\boldsymbol{R}^+$ の勝手な元 $\alpha$ は，正の実数ですから，

$$\alpha=e^{\log\alpha},\quad つまり，\quad \alpha=\log\alpha\circ e$$

と，$e$ の1次結合で表されますね．それから，

$$c\circ e=1\quad(c\in\boldsymbol{R}),\quad つまり，\quad e^c=1\quad(c\in\boldsymbol{R})$$

は，$c=0$ のときしか成り立たないので，$e$ は1次独立ですね．

$e$ は $\boldsymbol{R}^+$ の基底ですね．

**六本松**　$\boldsymbol{R}^+$ の1でない元はドレも $\boldsymbol{R}^+$ の基底。

同じ証明法で，分かる

## 基底に関する課題

**香椎**　今まで見て来たところでの，感想は？

**六本松**　線形空間には，基底を持つのと，基底を持たないのと，ある．

**箱崎**　基底を持つときは，基底の選び方は何通りもあるようですが，基底を作ってる元の個数は一定なようですね．

これは，一般的に，いえるんですか？

**香椎**　箱崎君の課題については，次の機会に考察しよう．

# 19 線形空間を分類する

基底を観察したところ，ある課題が生じたね．

今日は，その課題を解決することから，始めよう．

## 基底を構成する元の個数（一）

**箱崎**　線形空間には，基底を持つのと，基底を持たないのと，ありました．

基底を持つとき，基底の選び方は何通りもあるけど，基底を作ってる元の個数は一定なのか——が，問題になりましたね．

**香椎**　キチンと定式化すると？

**六本松**　$V$は$F$上の線形空間とする．

$V$が$n$個の元の系列を基底に持つと，$V$の基底はドレも$n$個の元の系列か？

**箱崎**　それで，$m \neq n$ のとき，$m$個の元の系列で$V$の基底になるのがアルかどうか——ですが……，ドコから手をつけていいか，分かりません．

**香椎**　具体的な場合で考えるのが，定跡だね．

たとえば，$n=2$, $m=3$ の場合は？

**六本松**　$V$の元の系列 $\alpha_1, \alpha_2$ を$V$の基底とする．

**箱崎**　このとき，$V$の3個の元の系列 $\beta_1, \beta_2, \beta_3$ で$V$の基底になるのがアルか——ですから，基底になるための二つの資格を調べるわけですね．

初めに，1次独立性は，$V$の零元が

$$c_1\beta_1+c_2\beta_2+c_3\beta_3=\mathbf{0} \qquad (c_1, c_2, c_3 \in F)$$

と，$\beta_1, \beta_2, \beta_3$ の1次結合で表されるのは，$c_1=c_2=c_3=0$ の場合だけ，が起こるか——ですね．

**六本松**　手掛りは，$\alpha_1, \alpha_2$ が$V$の基底なのと，$\beta_1, \beta_2, \beta_3$ が$V$の元なのとシカない．

これを最大限に活用すると，$\beta_1, \beta_2, \beta_3$ が，それぞれ，$\alpha_1, \alpha_2$ の１次結合で表される：

$$\beta_1 = b_{11}\alpha_1 + b_{12}\alpha_2,$$
$$\beta_2 = b_{21}\alpha_1 + b_{22}\alpha_2,$$
$$\beta_3 = b_{31}\alpha_1 + b_{32}\alpha_2, \quad (b_{ij} \in F).$$

こう表して，問題の１次結合の式に代入してみるしか，手はナイ．

**箱崎**　そういえば，この間，数ベクトル空間 $\boldsymbol{R}$ の基底を作ってる元の個数は何時でも一つ，を調べたときも，こんなことをしましたね．

**六本松**　代入して，$\alpha_1, \alpha_2$ について整理すると，

$$(c_1b_{11} + c_2b_{21} + c_3b_{31})\alpha_1 + (c_1b_{12} + c_2b_{22} + c_3b_{32})\alpha_2 = \mathbf{0}.$$

基底のもう一つの性質——$\alpha_1, \alpha_2$ は１次独立——を使うと，これから，

$$\begin{cases} c_1b_{11} + c_2b_{21} + c_3b_{31} = 0 \\ c_1b_{12} + c_2b_{22} + c_3b_{32} = 0 \end{cases}$$

でないと，いけない．

**箱崎**　逆に，この関係が成り立ってると，$V$ の零元は $c_1, c_2, c_3$ を係数に持つ $\beta_1, \beta_2, \beta_3$ の１次結合で表されますね．

**六本松**　だから，系列 $\beta_1, \beta_2, \beta_3$ が１次独立になる場合が起こるかどうかは，$b_{ij}$ を係数に持つ，$c_1, c_2, c_3$ についての連立１次方程式

$$\begin{cases} c_1b_{11} + c_2b_{21} + c_3b_{31} = 0 \\ c_1b_{12} + c_2b_{22} + c_3b_{32} = 0 \end{cases}$$

の解が $(0, 0, 0)$ ダケの場合が起こるかどうか——だ．

**箱崎**　起こりませんね．

係数 $b_{ij}$ が何でも，つまり，$\beta_1, \beta_2, \beta_3$ がドンナ系列でも．

**六本松**　方程式の個数が未知数の個数より少ない場合は，解はないか，解があると無数にあるか，のドッチかで解がタダ一つということは起こらない．——行列の変形で解くとき，調べた．

問題の連立１次方程式では，方程式の個数は未知数の個数より小さい．そして，解はある．定数項がゼンブ零という型だから．

**箱崎**　結局，３個の元の系列はドレも１次従属で，基底にはなりませんね．

**六本松**　４個でも５個でも，２より大きい個数の元の系列は何時でも１次従属で，基底の資格なし！

同じ証明法で，分かる．問題の連立１次方程式は定数項がゼンブ零という型で，方程式の個数は基底を作ってる元の個数に，未知数の個数は問題の系列を作ってる元の個数になるから．

**香椎** 一般化すると？

## 基底を構成する元の個数（二）

**六本松** $V$が$n$個の元の系列を基底に持つと，$n<m$ のとき，$V$の$m$個の元の系列は1次従属.

**箱崎** 証明は同じですね.

$\alpha_1, \alpha_2, \cdots, \alpha_n$ を$V$の基底とします. $V$の$m$個の元の勝手な系列を $\beta_1, \beta_2, \cdots, \beta_m$ とします. そして，$V$の零元が

$$c_1\beta_1+c_2\beta_2+\cdots+c_m\beta_m=\mathbf{0} \qquad (c_1, c_2, \cdots, c_m \in F)$$

と，$\beta_1, \beta_2, \cdots, \beta_m$ の1次結合で表された，とします.

**六本松** 基底の生成性から，$\beta_i$ は $\alpha_1, \alpha_2, \cdots, \alpha_n$ の1次結合で表される. それを

$$\beta_i=\sum_{j=1}^{n} b_{ij}\alpha_j \qquad (b_{ij}\in F;\ i=1, 2, \cdots, m)$$

として，問題の1次結合の式に代入すると，

$$\sum_{i=1}^{m}\left(c_i\sum_{j=1}^{n} b_{ij}\alpha_j\right)=\mathbf{0}, \quad \text{つまり,} \quad \sum_{i=1}^{m}\left(\sum_{j=1}^{n} c_i b_{ij}\alpha_j\right)=\mathbf{0}.$$

これを $\alpha_1, \alpha_2, \cdots, \alpha_n$ について整理すると，

$$\sum_{j=1}^{n}(c_1b_{1j}+c_2b_{2j}+\cdots+c_mb_{mj})\alpha_j=\mathbf{0},$$

で，基底の1次独立性から，

$$c_1b_{1j}+c_2b_{2j}+\cdots+c_mb_{mj}=0 \qquad (j=1, 2, \cdots, n)$$

でないと，いけない.

**箱崎** 逆に，この関係が成り立つと，$V$ の零元は $c_1, c_2, \cdots, c_m$ を係数に持つ $\beta_1, \beta_2, \cdots, \beta_m$ の1次結合で表されます.

**六本松** ところが，$b_{ij}$ を係数に持つ，$c_1, c_2, \cdots, c_m$ についての連立1次方程式

$$c_1b_{1j}+c_2b_{2j}+\cdots+c_mb_{mj}=0 \qquad (j=1, 2, \cdots, n)$$

は――方程式の個数$n$が未知数の個数$m$より小さく，定数項がゼンブ零という型だから――(0, 0, …, 0) 以外の解を持つ.

**箱崎** つまり，$V$ の零元は少なくとも一つは零でない係数を持つ $\beta_1, \beta_2, \cdots, \beta_m$ の1次結合で表されるので，$\beta_1, \beta_2, \cdots, \beta_m$ は1次従属です.

**香椎** 次の問題は，$n>m$ の場合だね.

**箱崎** $V$が$n$個の元の系列を基底に持っていて，$n>m$ のとき，$m$個の元の系列で$V$の基底になるのがアルかどうか――ですね.

えーと…，１次独立なのはありますね.

$\alpha_1, \alpha_2, \cdots, \alpha_n$ が $V$ の基底なら，この部分系列 $\alpha_1, \alpha_2, \cdots, \alpha_m$ は１次独立です. ——かりに，$\alpha_1, \alpha_2, \cdots, \alpha_m$ が１次従属なら，その中の一つ，たとえば $\alpha_k$ は，残りの系列 $\alpha_1, \cdots, \alpha_{k-1}, \alpha_{k+1}, \cdots, \alpha_m$ の１次結合で表されますね. この前，調べたように. それを

$$\alpha_k = c_1\alpha_1 + \cdots + c_{k-1}\alpha_{k-1} + c_{k+1}\alpha_{k+1} + \cdots + c_m\alpha_m$$

とすると，これは

$$\alpha_k = c_1\alpha_1 + \cdots + c_{k-1}\alpha_{k-1} + c_{k+1}\alpha_{k+1} + \cdots + c_m\alpha_m + 0\cdot\alpha_{m+1} + \cdots + 0\cdot\alpha_n$$

とも書けて，$\alpha_1, \alpha_2, \cdots, \alpha_n$が１次従属なことになって，$\alpha_1, \alpha_2, \cdots, \alpha_n$ の１次独立性に反しますね.

**六本松**　箱崎君の証明は $m \geqq 2$ のとき使えて，１次独立なのがあることはあるけど——$m$ 個の元の系列で $V$ の基底になるのはナイ.

$m$個の元の系列で$V$の基底になるのがあると，さっき証明したことから，$m$より大きい $n$ 個の元の系列はゼンブ１次従属. これは, $V$が$n$ 個の元の系列を基底に持つことに矛盾!

**箱崎**　結局，$V$が$n$ 個の元の系列を基底に持つと，$n$ より大きい個数の系列も，$n$ より小さい個数の系列も，ドッチも$V$の基底にはならないんですね.

**六本松**　基底を作ってる元の個数は一定!

## 基底を持たない線形空間（一）

**香椎**　基底を持たない線形空間には，どんなものが，あったかね.

**箱崎**　文字$x$の実係数整式全体の実線形空間 $\boldsymbol{R}[x]$ が，そうです.

**六本松**　連立１次方程式の解の空間で，零元だけの場合も. ずっと前に，出て来た.

**香椎**　たとえば，具体的には？

**六本松**　たとえば……，連立１次方程式

$$\begin{pmatrix} 1 & 2 \\ 3 & 4 \end{pmatrix}\begin{pmatrix} x \\ y \end{pmatrix} = \begin{pmatrix} 0 \\ 0 \end{pmatrix}$$

の，実数の解全体の空間 $M$.

この方程式の解は $(0, 0)$ だけだから，$M = \{(0, 0)\}$.

**香椎**　$M$が基底を持たない，そのワケは？

**箱崎**　$M$を生成する系列は，あります.

実数と零元の積は零元ですから，零元だけの系列は$M$を生成します.

**六本松**　でも，１次独立な系列は，ない.

$M$の元の系列は，零元をいくつか並べたもの，だけ. そして，零でない実数を係数に持つ，こんな系列の１次結合は何時でも零元を表してるから，$M$の元の系列はドレも１次従属.

**香椎**　その論法は，$M$でなくとも……

**六本松**　一般的に，零元だけを含んでる線形空間に通用する．

零元だけを含んでる線形空間には，1次独立な系列はない．

**香椎**　〈零元だけを含む線形空間〉は〈一つの元だけを含む線形空間〉だが，逆に，〈一つの元だけを含む線形空間〉は〈零元だけを含む線形空間〉だね．

**箱崎**　線形空間は必ず零元を含みますから．

**香椎**　と，すると？

**六本松**　一つの元だけを含んでる線形空間には，1次独立な系列はない．

**香椎**　その逆は？

**六本松**　数学とは〈逆〉を心配する学問ナリ！

**箱崎**　$F$上の線形空間$V$で，$V$の元の1次独立な系列がないなら，$V$はただ一つの元しか含まない——か，どうかですね．

**六本松**　このままでは，どうなるか分からないから，結論を否定してみると——$V$には零元と違う元が少なくとも一つは含まれる．それを$\alpha$とすると，$\alpha$だけで1次独立な系列になるか，が問題．

零元を含む系列は何時でも1次従属だし，三つ以上の元が$V$に含まれてるかは分からない，から．

**箱崎**　$F$の元$c$に対して，$c\alpha=\mathbf{0}$ なら，$c=0$ でないといけないか——ですね．

**六本松**　数の場合の〈$ab=0$ なら $a=0$ か $b=0$〉に似てるけど……，そうか，$c$は零か，零でないか．

$c$が零でないなら，$c$の逆数が$F$の元だから，それを両辺に掛けると，

$$c^{-1}(c\alpha)=c^{-1}\mathbf{0},\quad つまり，\quad (c^{-1}c)\alpha=\mathbf{0}$$

で，$c^{-1}c$ は1だから，$\alpha$は零元になる．

これは，$\alpha$は零元ではないことに矛盾する．だから，$c=0$ でないといけない．

**箱崎**　零元と違う元は，それ一つだけで1次独立な系列ですね．

**六本松**　〈$V$には1次独立な系列はない〉ことと〈$V$はただ一つの元しか含まない〉ことは同値！

## 基底を持たない線形空間（二）

**香椎**　$\boldsymbol{R}[x]$ が基底を持たない，そのワケは？

**箱崎**　$\boldsymbol{R}[x]$ を生成する系列がなかった，からです．

**香椎**　1次独立な系列は，今の命題から，当然あるわけだが……

**六本松**　ある，ある．イヤになるほど，ある．

**箱崎**　勝手な自然数$m$に対して，たとえば，

$$1,\ x,\ x^2,\ \cdots,\ x^m$$

は，1次独立な系列です．

**香椎**　1次独立な系列を構成する元の個数には制限がない，すなわち，1次独立な系列を構成する元の個数には最大数がない，ね．

とすると，一般に，$F$上の線形空間$V$が基底を持たないとき，$V$の元の1次独立な系列を構成する元の個数には最大数はない——のかね？

**六本松**　$V$がただ一つの元しか含まない場合はダメ．

さっき調べたように，$V$には1次独立な系列はないから．

**箱崎**　その場合を除くと，1次独立な系列は必ずありますから，1次独立な系列を作ってる元の個数に，最大数があるか最大数がないか，のドッチかですね．

**六本松**　最大数があって，それを$n$とすると，$n$個の元の系列で1次独立なのがある．

**箱崎**　それを $\alpha_1, \alpha_2, \cdots, \alpha_n$ とすると，これは$V$の基底になりそうですね．

**六本松**　生成性が問題．$V$の勝手な元$\alpha$が $\alpha_1, \alpha_2, \cdots, \alpha_n$ の1次結合で表されるか，が．

**箱崎**　すぐ分かるのは——$\alpha, \alpha_1, \alpha_2, \cdots, \alpha_n$ は $n+1$ 個の元の系列ですから，1次従属で，

$$c\alpha+c_1\alpha_1+c_2\alpha_2+\cdots+c_n\alpha_n=\mathbf{0} \qquad (c, c_1, c_2, \cdots, c_n \in F)$$

と，$c, c_1, c_2, \cdots, c_n$ の中に少なくとも一つは零でないのがあって，$V$ の零元が $\alpha, \alpha_1, \alpha_2, \cdots, \alpha_n$ の1次結合で表される，ことですね．

**六本松**　$c$が零でないなら，$\alpha$ は $\alpha_1, \alpha_2, \cdots, \alpha_n$ の1次結合で表されるけど……，分かった．

$c$は零か，零でないか．$c$が零なら，$c_1, c_2, \cdots, c_n$ の中に少なくとも一つは零でないのがあって，

$$c_1\alpha_1+c_2\alpha_2+\cdots+c_n\alpha_n=\mathbf{0}.$$

これは，$\alpha_1, \alpha_2, \cdots, \alpha_n$ の1次独立性に矛盾！　だから，$c$は零でない．

**箱崎**　それで，$V$の勝手な元$\alpha$は，

$$\alpha=\left(-\frac{c_1}{c}\right)\alpha_1+\left(-\frac{c_2}{c}\right)\alpha_2+\cdots+\left(-\frac{c_n}{c}\right)\alpha_n$$

と，$\alpha_1, \alpha_2, \cdots, \alpha_n$ の1次結合で表されて，$\alpha_1, \alpha_2, \cdots, \alpha_n$ は$V$の基底ですね．

**六本松**　結局，$V$の元の1次独立な系列を作ってる元の個数に最大数があると，$V$は基底を持つ．

**箱崎**　この対偶から，$V$が基底を持たないなら，$V$の元の1次独立な系列を作ってる元の個数には最大数はない——ですね．ただし，$V$が二つ以上の元を含むとき，つまり，1次

独立な系列を持つとき，です.

**香椎**　その逆は？

**箱崎**　1次独立な系列を作ってる元の個数に最大数がないなら，基底を持たない——ですね.

**六本松**　基底を持つなら，1次独立な系列を作ってる元の個数には最大数がある——と同値で，これは明らか.

基底を持つと，その基底を作ってる元の個数を $n$ とすると，$n$ より大きい個数の元の系列は何時でも1次従属だったから，1次独立な系列を作ってる元の個数の最大数は $n$.

**箱崎**　そうすると，1次独立な系列のある線形空間では，〈基底を持たない〉ことと〈1次独立な系列を作ってる元の個数に最大数がない〉ことは同値なんですね.

## 線形空間の分類

**香椎**　整理すると，基底を持たない線形空間は，

（イ）　1次独立な系列は存在しない，

（ロ）　1次独立な系列が存在して，1次独立な系列を構成する元の個数に最大数はない，

という二つのタイプに限ること，が分かったね.

**六本松**　ウラから見ると，基底を持つ線形空間は，

（ハ）　1次独立な系列が存在して，1次独立な系列を構成する元の個数に最大数がある，

という，残りのタイプに限る.

**箱崎**　その最大数が，基底を作ってる元の個数でした.

**香椎**　線形空間は，（イ）·（ロ）·（ハ）の三つのタイプに分類されるが，これは，1次独立性という基底の性質からの分類だね.

基底のもう一つの性質，生成性から分類すると？

**六本松**　二つのタイプに分類される：

(i)　生成する系列が存在する，

(ii)　生成する系列は存在しない.

**箱崎**　（イ）と（ハ）のタイプは(i)に入りますね.

（ロ）のタイプの線形空間は何時でも(ii)に入るんでしょうか？　さっきの $\boldsymbol{R}[x]$ は（ロ）のタイプで，同時に(ii)のタイプでしたが……

**香椎**　それを調べよう.

**箱崎**　(i)のタイプは（イ）·（ハ）のタイプに限る——か，どうかですね.

（ロ）のタイプは基底を持たないんですが，そのことから，生成する系列はない，とはスグにはいえない，わけですね.　——（イ）のようなことが起こるから.

**六本松**　$V$はF上の線形空間で，$V$を生成する系列がある，とする.

そして……，どうなる？

**香椎**　$V$を生成する系列を構成する元の個数に注目するんだね.

**箱崎**　1次独立な系列を問題にしたときと，同じように考えるんですね.

**六本松**　最大数があるか，ないか？　それはダメ．最大数はない.

生成する系列が一つあると，ソレに勝手にいくつかの元をつけ加えた系列も$V$を生成する，から．

**箱崎**　そうすると，最小数の方ですね.

$V$を生成する系列を作ってる元の個数全体の集合は，自然数全体の集合 $\boldsymbol{N}$ の，空でない部分集合ですね．——$V$を生成する系列がありますから.

$\boldsymbol{N}$ の空でない部分集合だから，最小数がありますね.

**六本松**　その最小数を$m$とすると，$m$個の元の系列で$V$を生成するのがある.

**箱崎**　その一つを $\alpha_1, \alpha_2, \cdots, \alpha_m$ とすると……，これは$V$の基底ですね.

1次独立性だけが問題ですが——かりに1次従属なら，その中の一つ $\alpha_k$ が残りの元の系列 $\alpha_1, \cdots, \alpha_{k-1}, \alpha_{k+1}, \cdots, \alpha_m$ の1次結合で表されるので，それを取ってしまった $m-1$ 個の元の系列 $\alpha_1, \cdots, \alpha_{k-1}, \alpha_{k+1}, \cdots, \alpha_m$ から$V$は生成されますが，これは$V$を生成する系列を作ってる元の個数の最小数が$m$ということに反します.

**六本松**　箱崎君の論法は，$m \geqq 2$ のときしか，使えない.

$m$が1のときは，$\alpha$が$V$を生成すると，$\alpha$が零元と違うときは1次独立だから，$\alpha$は基底.

$\alpha$が零元なら，$V$は零元だけしか含まないから，(イ)のタイプになる.

**箱崎**　結局，(i)のタイプは(イ)·(ハ)のタイプに限りますね.

**香椎**　そこで，もう一度，整理すると？

**六本松**　こんな分類表が出来る：

| 生成する系列 | 1次独立な系列 | 基　底 |
|---|---|---|
| あ　る | な　い | な　い |
| | あって，それを作ってる元の個数に最大数がある | あ　る |
| な　い | あって，それを作ってる元の個数に最大数はない | な　い |

**香椎**　この分類を，よーく，頭に入れておこう．

**六本松**　ザンギリ頭を叩いてみれば，空間分類の音がする！

# 20 線形空間の次元に立つ

エリオプス，両生類；ティラノサウルス，爬虫類.

せきつい動物は哺乳類・鳥類・爬虫類・両生類・魚類に分類される．――分類して名前を付けるのは，なにも動物に限ったことではない……

## 次　　元

**香椎**　線形空間は，それを生成する系列が存在するもの，それを生成する系列は存在しないもの，の二つに分類されたね.

前者は有限次元空間，後者は無限次元空間と，よばれている.

**箱崎**　そうすると，線形空間はコンナ風に分類されますね：

| | | | |
|---|---|---|---|
| 線形空間 | 有限次元空間 | （イ） | 1次独立な系列は存在しないもの |
| | | （ロ） | 1次独立な系列が存在して，1次独立な系列を構成する元の個数に最大数があるもの |
| | 無限次元空間＝ | （ハ） | 1次独立な系列が存在して，1次独立な系列を構成する元の個数に最大数はないもの |

**六本松**　1次独立な系列を作ってる元の個数に限りがないもの，つまり，無限大になるのが，無限次元空間.

そうでないのが，有限次元空間.

**箱崎**　〈1次独立な系列は存在しない〉というのは〈1次独立な系列を作ってる元の個数が零〉という特別な場合と考えられますね．そして，（イ）のタイプは〈1次独立な系列を作ってる元の個数の最大数が零〉とも考えられますね.

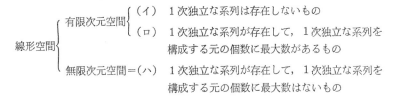

そうすると，1次独立な系列を作ってる元の個数に最大数があるとき，つまり，最大数

が有限になるのが有限次元空間で，最大数が無限大になるのが無限次元空間ですね．

**香椎**　$F$上の有限次元空間$V$に対しては，その1次独立な系列を構成する元の個数の最大数が――箱崎君の意味で――確定するね．

この最大数は$V$の次元とよばれ，$\dim_F V$ で表す習慣だ．

$\dim_F V=n$ のとき，$V$ は$n$次元線形空間と，よばれている．

**箱崎**　$n$は零か自然数か，ですね．

**六本松**　零次元の線形空間は〈1次独立な系列はないもの〉で，〈ただ一つの元しか含まないもの〉つまり〈零元しか含まないもの〉だけ．この間，調べた．

**箱崎**　$n$が自然数のとき，〈$V$の次元が$n$〉というのは，

① $V$の1次独立な系列を作ってる元の個数の最大数が$n$になること，

② $V$の$n$個の元の系列の中には1次独立なものがあるけど，$n$より大きい個数の元の系列は何時も1次従属になること，

③ $V$は基底を持っていて，基底を作ってる元の個数が$n$になること，

と，それぞれ，同値ですね．

この前，調べたように．

**六本松**　もう一つある：

④ $V$は二つ以上の元を含み，$V$を生成する系列があって，$V$を生成する系列を作ってる元の個数の最小数が$n$になること，

と同値．

**箱崎**　この意味の次元は，幾何学的な意味の次元と同じですか？

**香椎**　幾何学的な線形空間で，見てみよう．

## 位置ベクトルの空間

**香椎**　点Oを始点とする，空間の位置ベクトル全体の実線形空間$V$で，考えよう．

$V$に含まれる，1次元線形空間は？

**六本松**　零ベクトルと違う，勝手なベクトル $\overrightarrow{\mathrm{OP}}$ から生成される：

$$W=\{c\,\overrightarrow{\mathrm{OP}}\mid c\in \boldsymbol{R}\}.$$

**箱崎**　$\overrightarrow{\mathrm{OP}}$ だけで，1次独立な系列ですからね．

**香椎**　$W$に属するベクトルは，直線 OP 上に並んでいるね．

だから，線形代数の意味での1次元空間は，幾何学的には，直線的な広がりを持ち，この……

**六本松**　この直線的な広がりの空間を，幾何学的な意味でも，1次元空間という！

**香椎**　$V$に含まれる，2次元線形空間は？

**六本松**　1次独立な系列 $\overrightarrow{OP}, \overrightarrow{OQ}$ から生成される：

$$U=\{c_1\overrightarrow{OP}+c_2\overrightarrow{OQ} \mid c_1, c_2 \in \boldsymbol{R}\}.$$

**香椎**　一般に，$V$に属する，二つのベクトルの系列 $\overrightarrow{OS}, \overrightarrow{OT}$ が1次従属とは？

**六本松**　一つが，残りの1次結合で表されること．

**箱崎**　たとえば，$\overrightarrow{OS}=c\overrightarrow{OT}$ $(c \in \boldsymbol{R})$，となります．

**香椎**　この式の，幾何学的意味は？

**六本松**　$\overrightarrow{OS}$ と $\overrightarrow{OT}$ が同じ直線上にあること．

$\overrightarrow{OT}$ が零ベクトルでないときは，$\overrightarrow{OS}$ は $\overrightarrow{OT}$ から生成される1次元空間に含まれるから．

**箱崎**　$\overrightarrow{OT}$ が零ベクトルのときは，$\overrightarrow{OS}$ も零ベクトルになって，点Sと点Tが点Oと一致して，$\overrightarrow{OS}, \overrightarrow{OT}$ は同じ直線上にある，と考えられますね．広い意味で．

**香椎**　逆に，$\overrightarrow{OS}, \overrightarrow{OT}$ が同一直線上にあると，箱崎君の式が成り立つね．

と，すると？

**六本松**　〈$\overrightarrow{OS}, \overrightarrow{OT}$ が1次従属〉と〈$\overrightarrow{OS}, \overrightarrow{OT}$ は同じ直線上にある〉は同値．

**箱崎**　対偶をとると，〈$\overrightarrow{OS}, \overrightarrow{OT}$ が1次独立〉と〈$\overrightarrow{OS}, \overrightarrow{OT}$ は同じ直線上にはない〉は同値ですね．

**香椎**　そこで，2次元線形空間$U$に返ると，$U$に属するベクトルは，同一直線上にない二直線 OP, OQ で決定される平面上に並んでいるね．

**六本松**　だから，線形代数的な意味の2次元空間は，幾何学的な意味でも2次元空間！

**箱崎**　3次元の場合も，同じですね．

$V$に含まれる3次元の線形空間は$V$自身で，$V$に属するベクトルは幾何学的な意味の3次元空間の広がりにありますから．

**六本松**　もっと一般的に，さっきと同じ論法で，〈$\overrightarrow{OP}, \overrightarrow{OQ}, \overrightarrow{OT}$ が1次独立〉と〈$\overrightarrow{OP}, \overrightarrow{OQ}, \overrightarrow{OT}$ は同じ平面上にはない〉は同値なことが分かるから，3次元線形空間$V$に属するベクトルは，同じ平面上にはない三つのベクトルで決定される幾何学的な意味の3次元空間に並んでる．

**箱崎**　一番ふつうの基底には，互いに直交する三つの単位ベクトルを取りますね．

**香椎**　$V$に含まれる，零次元線形空間は？

**六本松**　零ベクトルだけの空間で，幾何学的には一点だから，幾何学的な意味でも零次元！

**香椎**　これらの事実が，線形空間における次元という名前のルーツとなっている．

**六本松**　次元は，直観的には，線形空間の広がりの大きさ！

**香椎**　いろいろな線形空間について，有限次元空間か無限次元空間か，有限次元空間なら次元はいくつか，を調べてみよう．

## 数ベクトルの空間

**箱崎**　$n$ 項の実ベクトル空間 $\boldsymbol{R}^n$ と，$n$ 項の複素ベクトル空間 $\boldsymbol{C}^n$ は，ドッチも $n$ 次元ですね．

**六本松**　つまり，$\dim_{\boldsymbol{R}} \boldsymbol{R}^n = n$

$\dim_{\boldsymbol{C}} \boldsymbol{C}^n = n$.

**箱崎**　自然基底は $n$ 個の元の系列ですから．

**香椎**　$\boldsymbol{C}$ は，数ベクトル空間とは異なる，線形空間にもなったね．

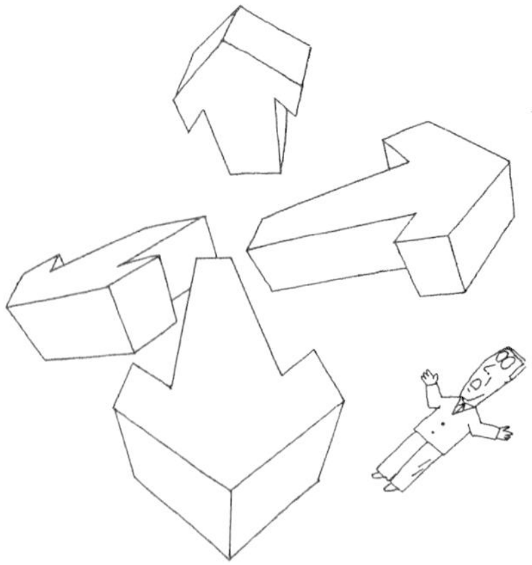

次元は線形空間の広がりの大きさ！

**六本松**　フツウの複素数同志の和と，実数と複素数のフツウの積に関して，実線形空間．

**香椎**　この実線形空間は？

**箱崎**　係数が実数になるように複素数を表すには……，実数部と虚数部に分けて書くと，

$$\boldsymbol{C} = \{a + bi \mid a, b \in \boldsymbol{R}\}$$

ですから，$\boldsymbol{C}$ の元は 1 と $i$ の 1 次結合で表されて……

**六本松**　$\boldsymbol{C}$ の元の系列 1，$i$ は 1 次独立．――$c \cdot 1 + d \cdot i = 0$ $(c, d \in \boldsymbol{R})$ が成立するのは，零の実数部も虚数部も零だから，$c = d = 0$ のときだけ．

**箱崎**　それで，この実線形空間 $\boldsymbol{C}$ は 2 次元ですね．

**六本松**　つまり，$\dim_{\boldsymbol{R}} \boldsymbol{C} = 2$

**箱崎**　数ベクトル空間 $\boldsymbol{C}$ の場合は $\dim_{\boldsymbol{C}} \boldsymbol{C} = 1$ ですから，次元の記号 $\dim_F V$ で $F$ を忘れると，大変ですね．

**六本松**　次元，つまり，1 次独立性は，$F$ が変わると，変わることがある！

**箱崎**　先生は，ソレがいいたかったんですね．

**香椎**　$\boldsymbol{C}$ は，

$$\alpha \oplus \beta = \alpha + \beta \ (\alpha, \beta \in \boldsymbol{C}), \quad c \circ \alpha = \bar{c}\alpha \ (c, \alpha \in \boldsymbol{C})$$

という和 $\oplus$ と積 $\circ$ とに関して，複素線形空間だったね．

**六本松**　えーと……，数ベクトル空間のときのように，1 が基底．

　問題の線形空間の零元は零で，1 は零と違うから 1 次独立で，$\boldsymbol{C}$ の元は 1 の 1 次結合で

表される.

**箱崎** それで，この線形空間の場合も $\dim_{\boldsymbol{C}} \boldsymbol{C}=1$ ですが，数ベクトル空間の場合と同じで，$\dim_F V$ という記号を見ただけでは，区別がつきませんね.

**六本松** 問題の線形空間は，$\boldsymbol{C}$ と違う記号，たとえば，$\boldsymbol{C}^*$ と書かないといけない.

**香椎** 連立1次方程式の解法に現れる線形空間は，数ベクトル空間の部分空間だったね.

**箱崎** $n$ 個の未知数 $x_1, x_2, \cdots, x_n$ についての，$m$ 個の連立1次方程式

$$\begin{pmatrix} a_{11} & a_{12} & \cdots & a_{1n} \\ a_{21} & a_{22} & \cdots & a_{2n} \\ \vdots & \vdots & & \vdots \\ a_{m1} & a_{m2} & \cdots & a_{mn} \end{pmatrix}\begin{pmatrix} x_1 \\ x_2 \\ \vdots \\ x_n \end{pmatrix}=\begin{pmatrix} 0 \\ 0 \\ \vdots \\ 0 \end{pmatrix} \qquad (a_{ij}\in F)$$

の，$F^n$ に属する解全体の空間 $M_3$ ですね.

$M_3$ は有限次元空間です．ずっと前に，調べました.

**六本松** あのときは行列の変形で実際に解いたんだけど，一般的に，$F$ 上の線形空間 $V$ が有限次元空間なら，その部分空間 $W$ は有限次元空間.

$W$ の元の系列が1次独立なら，それは $V$ の元の系列としても1次独立．——1次結合の係数は，同じ $F$ なのだから.

**箱崎** それで，かりに $W$ が無限次元空間だと，$W$ の元の1次独立な系列を作ってる元の個数に最大数がなくて，$V$ の元の1次独立な系列を作ってる元の個数にも最大数がなくなって，$V$ が無限次元空間になります，からね.

**香椎** 具体的な次元は？

**六本松** 係数を並べた行列が，

$$\begin{pmatrix} a_{11} & a_{12} & \cdots & a_{1n} \\ a_{21} & a_{22} & \cdots & a_{2n} \\ \vdots & \vdots & & \vdots \\ \vdots & \vdots & & \vdots \\ a_{m1} & a_{m2} & \cdots & a_{mn} \end{pmatrix} \longrightarrow \begin{pmatrix} 1 & 0 & \cdots & 0 & a_{1r+1}{}^* & \cdots & a_{1n}{}^* \\ 0 & 1 & \cdots & 0 & a_{2r+1}{}^* & \cdots & a_{2n}{}^* \\ \vdots & \vdots & \ddots & \vdots & \vdots & & \vdots \\ 0 & 0 & \cdots & 1 & a_{rr+1}{}^* & \cdots & a_{rn}{}^* \\ 0 & 0 & \cdots & 0 & 0 & & 0 \\ \vdots & \vdots & & \vdots & \vdots & & \vdots \\ 0 & 0 & \cdots & 0 & 0 & \cdots & 0 \end{pmatrix}$$

と変形されると，$n-r$ 次元： $\dim_F M_3=n-r$.

**香椎** 先日は，$n>r>0$ の場合に基底を具体的に求めているが，$r=0$ のときは？

**箱崎** 変形された行列には，1はゼンゼン現れないわけで……

**六本松** 係数 $a_{ij}$ がゼンブ零という場合で，$F^n$ の元はゼンブこの方程式の解： $M_3=F^n$ で，$n$ 次元.

**箱崎** 次元の式から計算したのと，一致しますね.

**香椎** $r=n$ のときは？

**六本松** 解は $(0, 0, \cdots, 0)$ だけで，$M_3$ は零元しか含まないから，零次元.

**箱崎** この場合も，次元の式から計算したのと，一致しますね.

零元しか含まない空間の次元を零にしたのは，うまく考えたもんですね.

## 写 像 の 空 間

**六本松** 文字 $x$ の実係数整式全体の実線形空間 $\boldsymbol{R}[x]$ は，無限次元空間.

この空間を生成する系列はない．この間，調べた.

**箱崎** この部分空間になってる，2次以下の実係数整式全体の実線形空間

$$W=\{a_0+a_1x+a_2x^2 \mid a_0, a_1, a_2\in\boldsymbol{R}\}$$

は，$1, x, x^2$ という基底があるので，3次元ですね： $\dim_{\boldsymbol{R}} W=3$.

**香椎** 実数列全体の実線形空間 $S$ は？

**六本松** 1次独立な系列が問題だけど……，$S$ の元は実数列で，

$$a_1,\ a_2,\ a_3,\ \cdots,\ a_n,\ \cdots\cdots$$

というので……，ソウか，これは数ベクトルの項が無限になったものと考えられるから，数ベクトルの場合の自然基底を真似すると——第 $n$ 項が1で，その外の項は零という数列を $\alpha_n$ と書くと，$S$ の元の無限系列

$$\alpha_1,\ \alpha_2,\ \alpha_3,\ \cdots,\ \alpha_n,\ \cdots\cdots$$

の有限部分系列はドレも1次独立.

**箱崎** たとえば，初めの $m$ 個の系列 $\alpha_1, \alpha_2, \cdots, \alpha_m$ で考えると，

$$c_1\alpha_1+c_2\alpha_2+\cdots+c_m\alpha_m \quad (c_i\in\boldsymbol{R})$$

という数列は，第 $m+1$ 項から先はゼンブ零で，

$$c_1,\ c_2,\ \cdots,\ c_m,\ 0,\ \cdots,\ 0,\ \cdots\cdots$$

ですから，これが $S$ の零元，つまり，全部の項が零という数列になるのは，$c_1=c_2=\cdots=c_m=0$ の場合だけで，$\alpha_1, \alpha_2, \cdots, \alpha_m$ は1次独立ですね.

**六本松** だから，1次独立な系列を作ってる元の個数には最大数がなくて，$S$ は無限次元空間.

**香椎** $S$ の部分空間である，フィボナッチ数列全体の実線形空間 $U$ は？

**箱崎**

$$U=\{\{s_n\} \mid s_n=s_{n-1}+s_{n-2}\ (n\geqq 3)\}$$

ですね.

**六本松** フィボナッチ数列は初項と第2項で完全にきまるから，2次元くさい.

えーと……，マタまた数ベクトル空間の自然基底を真似して，初項が1，第2項が零のフィボナッチ数列

$$1,\ 0,\ 1,\ 1,\ 2,\ 3,\ 5,\ \cdots\cdots$$

を$\alpha$；初項が零，第2項が1のフィボナッチ数列

$$0,\ 1,\ 1,\ 2,\ 3,\ 5,\ 8,\ \cdots\cdots$$

を$\beta$と書くと——$\alpha, \beta$ は$U$の基底.

**箱崎**　1次独立性の証明は，さっきと同じですね. それから，勝手なフィボナッチ数列

$$s_1,\ s_2,\ s_3,\ \cdots,\ s_n,\ \cdots\cdots$$

は，$s_1\alpha+s_2\beta$ と $\alpha, \beta$ の1次結合で表されますね. ——$s_1\alpha+s_2\beta$ は初項が $s_1$，第2項が $s_2$ になってるフィボナッチ数列ですから.

**六本松**　だから，$U$は2次元： $\dim_{\boldsymbol{R}} U=2$.

**香椎**　微分方程式をめぐる問題に現れる，区間$I$を定義域とする複素数値関数全体の複素線形空間 $\boldsymbol{C}^I$ は？

**箱崎**　この記号は，初めてですが……

**香椎**　一般に，集合$A$から集合$B$への写像全体の集合を $B^A$ と書く習慣だ.

$A$が有限集合で，たとえば，$A=\{1, 2\}$ のときは，$A$から$B$への写像$f$は $(f(1), f(2))$ という $B\times B$ の元を定めるし，逆に，$B\times B$ の任意の元 $(a, b)$ からは，$g(1)=a$，$g(2)=b$ という$A$から$B$への写像$g$が定まるね. だから，$A$から$B$への写像全体の集合と $B\times B$ とは同じものとも考えられる. この直積集合は $B^2$ と略記できるが，$A$が無限集合のときはそうはいかず，$B^A$ という記号を使う.

**箱崎**　結局，$A$から$B$への写像は，$B$の元を$A$の元に対応して並べたもので決まるから，ですね.

そして，数ベクトル空間の記号 $F^n$ も同じ系統の書き方ですから，数ベクトルは有限集合から$F$への写像とも考えられますね.

**六本松**　そうすると，実数列全体の集合は $\boldsymbol{R}^N$ と書ける——それで，$F^n$ とか $\boldsymbol{R}^N$ と $\boldsymbol{C}^I$ を比べると，$F^n$ とか $\boldsymbol{R}^N$ の1次独立な系列を作ったように，$I$の点$a$で1，その外の$I$の点では零になる関数を $f_a$ と書くと——区間$I$の互いに違う$m$個の点 $a_1, a_2, \cdots, a_m$ に対して，$\boldsymbol{C}^I$ の元の系列

$$f_{a_1},\ f_{a_2},\ \cdots,\ f_{a_m}$$

は1次独立.

**箱崎**　$\boldsymbol{C}^I$ の零元は$I$で恒等的に零な関数ですから，この系列の1次結合

$$c_1f_{a_1}+c_2f_{a_2}+\cdots+c_mf_{a_m}\quad (c_i\in\boldsymbol{C})$$

で零元が表されると，この関数の点 $a_i$ での値を考えると，$c_i=0$ が出ますね．

**六本松**　1次独立な系列を作ってる元の個数に最大数はないから，$\boldsymbol{C}^I$ は無限次元空間．

**香椎**　一般化すると？

**箱崎**　集合$T$から$F$への写像全体の，$F$上の線形空間 $F^T$ は，$T$が有限集合のときは有限次元空間，$T$が無限集合のときは無限次元空間ですね．

## 線形代数の方向

**香椎**　教養課程の線形代数では，線形空間を分類したあとで，有限次元空間を考察する．

**箱崎**　三つの背景に現れる線形空間は，どれも有限次元空間だから，ですね．

**香椎**　いわゆる固有値問題が主題となる．

だが，ボクの話はこれまで．基礎概念の導入まで——忙しくなった．

**箱崎**　残念ですが，〈おひま〉になるまで……

**六本松**　待とう——有限次元空間より愛をこめて！

# 索　引

著者紹介：

**矢ヶ部　巌**（やかべ・いわお）

1976 年 九州大学理学部数学科卒業

九州大学名誉教授

主著：『多変数の微積分』（実教出版）

『復刻版　行列と群とケーリーと』（現代数学社）

『半分配環論入門』（近代科学社）

『数学での証明法』，『教養課程線形代数』（共立出版）

『新装版　数Ⅲ方式ガロアの理論――アイデアの変遷を追って』（現代数学社）

現数 Select　No.14　**線形代数の構図**

2024 年 11 月 21 日　　初版第 1 刷発行

著　者　　矢ヶ部　巌

発行者　　富田　淳

発行所　　株式会社　現代数学社

〒 606–8425 京都市左京区鹿ヶ谷西寺ノ前町 1

TEL 075 (751) 0727　FAX 075 (744) 0906

https://www.gensu.co.jp/

装　幀　　中西真一（株式会社 CANVAS）

印刷・製本　　有限会社 ニシダ印刷製本

ISBN 978-4-7687-0648-0

Printed in Japan